RATIONALITÉ EN PHILOSOPHIE DES SCIENCES

Ouverture philosophique

Collection dirigée par
Dominique Chateau, Jean-Marc Lachaud et Bruno Péquignot

Une collection d'ouvrages qui se propose d'accueillir des travaux originaux sans exclusive d'écoles ou de thématiques.

Il s'agit de favoriser la confrontation de recherches et des réflexions, qu'elles soient le fait de philosophes « professionnels » ou non. On n'y confondra donc pas la philosophie avec une discipline académique ; elle est réputée être le fait de tous ceux qu'habite la passion de penser, qu'ils soient professeurs de philosophie, spécialistes des sciences humaines, sociales ou naturelles, ou… polisseurs de verres de lunettes astronomiques.

Dernières parutions

Sylvie LOPEZ-JACOB et Éric DELASSUS (dir.), *Ce que peut un corps*, 2018.
Hichem GHORBEL, *Le monde chez Diderot, Connaissance, interprétation et signification*, 2018.
Pascal GAUDET, *Kant, Une sagesse pour notre temps*, 2018.
Auguste NSONSISSA, *Refaire le(s) monde(s) ?*, 2018.
Gisèle GRAMMARE, *Arts et artistes à vol d'oiseaux, Carnets*, 2018.
Ivan NEYKOV, *Être et Bien, Le Bien en tant que le sens de l'Être*, 2018.
Blanchard MAKANGA, *Philosophie, éthique et droits de l'existant, Une analyse écosophique des sociétés contemporaine,* 2018.
Giscard Kevin DESSINGA, *Éloge de la dissidence, Six leçons sur l'histoire de la philosophie,* 2018.
Joël BIENFAIT, *Le bonheur entre Jean-Jacques et Rousseau. Manifeste d'anti-croyance,* 2018.
Stéphane VINOLO, *Par-dessus le marché : Spinoza, Smith, Derrida, Girard. La transparence est l'obstacle, III*, 2018.
Marcel NGUIMBI, Frédéric MAKITA BATI, *Dire ce qu'il faut dire, Essai sur le pragmatisme inférentialiste de Robert Boyce Brandom,* 2018.

Élie Volf et Michel Henry

Rationalité en philosophie des sciences

Une démarche zététique en épistémologie, logique et mathématiques

Préface d'Évariste Sanchez-Palencia

L'Harmattan

5-7, rue de l'École-Polytechnique ; 75005 Paris

http://www.editions-harmattan.fr/

ISBN : 978-2-343-15576-0
EAN : 9782343155760

Remerciements

Les auteurs remercient chaleureusement Évariste Sanchez-Palencia, de l'Académie des Sciences, pour sa relecture attentive et les conseils critiques qu'il leur a prodigués, ainsi que pour sa contribution aux citations préliminaires.

Nous remercions également Alain Billecoq, Professeur de philosophie et Inspecteur général de l'Éducation Nationale, qui nous a conseillés sur de nombreux chapitres.

Nous remercions les bibliothécaires du Centre Alexandre Koyré qui nous ont permis de consulter des ouvrages avec un temps de réservation confortable.

Préface

Le temps est révolu où l'humanité, avide de nouvelles connaissances et éblouie par les bienfaits des découvertes, traitait les chercheurs de savants, les Pasteur de bienfaiteurs de l'humanité et l'électricité de Fée Électricité.

Voici qu'à présent, aux yeux de certains, les chercheurs sont devenus des apprentis sorciers, la soif de savoir, le plaisir de consommer, et l'espoir, crainte de l'avenir. Les gaz asphyxiants et la bombe atomique sont passés par là ; on a pourtant un peu trop vite oublié qu'il y a deux cents ans l'accouchement tuait cinq ou dix pour cent des accouchées, que la moitié des enfants ne fêtaient pas leur premier anniversaire, et que la famine constante était la hantise de la plupart des misérables vies humaines. La science s'est-elle dévoyée ou a-t-elle été victime de son succès ? Le bilan est donné par l'accroissement prodigieux de la population mondiale.

Oui, tout progrès engendre de nouveaux défis, de nouvelles interrogations. On a surtout découvert que le monde est fini. Nous savons que tout ne sera pas possible : c'est intellectuellement décevant et pratiquement frustrant. Chaque génération a ses problèmes et ses défis : Au 14e siècle on craignait la peste, au 20e, la guerre atomique, au 21e, la fin écologique du monde. Par définition, chaque génération ne connaît pas l'issue de ses problèmes, mais chaque génération, aussi désemparée soit-elle, est suivie par une autre. Quels meilleurs guides pour nous situer que l'histoire et la compréhension de notre connaissance du monde ? Cet ouvrage de Michel Henry et Élie Volf devrait y contribuer.

Évariste Sanchez-Palencia, Académie des Sciences.

Pensées en philosophie des sciences

« Les religions se dissipent comme la brume du matin. Les empires se démantèlent comme la dune sous le vent. Mais les travaux des savants demeurent pour l'éternité ».

Ulug Beg, Prince de Samarcande (1394-1449),
sur le portail de la madrasa d'Ulug Beg à Boukhara

« Notre siècle est le vrai siècle de la critique : rien ne doit y échapper. En vain la religion à cause de sa sainteté, et la législation à cause de sa majesté, prétendent-elles s'y soustraire. Elles excitent par là contre elles de justes soupçons, et perdent tout droit à cette sincère estime que la raison n'accorde qu'à ce qui a pu soutenir son libre et public examen ».

Emmanuel Kant, *Critique de la raison pure*

« La fausseté d'une idée ne saurait l'empêcher d'être belle, et il y a certaines erreurs si ingénieuses qu'on regretterait qu'elles ne figurassent point aux démarches de l'esprit humain. Ceux qui se permettent les plus naïves affirmations sont les mêmes qui au nom de l'esprit scientifique, dénient à la science le droit de ne rien renier. La seule chose qu'on ne puisse embellir sans qu'elle périsse, c'est la vérité ».

Jean Rostand, *Pensées d'un biologiste*

« La tâche de la science, commencée depuis des millénaires est de poursuivre une adaptation de plus en plus précise de notre esprit à la réalité, de construire une représentation de plus en plus adéquate du monde qui nous entoure et auquel nous appartenons, pour le comprendre d'abord, puis pour passer de la compréhension à la prévision et ensuite à l'action ».

Paul Langevin, *Cahiers rationalistes* n°80, avril 1940

« Remarquons, en passant, qu'il ne s'agit là nullement du problème de la certitude - aucun aristotélicien n'a jamais mis en doute la certitude des démonstrations géométriques - mais de celui de la réalité ; et qu'il ne s'agit pas même de l'emploi des mathématiques dans la science physique - aucun aristotélicien ne s'est jamais refusé à mesurer ce qui est mesurable et à compter ce qui est nombrable - mais de leur rôle dans et pour la structure même de la science ; c'est-à-dire, nécessairement, de la réalité elle-même ».

Alexandre Koyré, *Études galiléennes*

« La science de la réalité ne se contente plus du comment phrénologique, elle cherche le pourquoi mathématique ».

Gaston Bachelard, *La formation de l'esprit scientifique*

Avant – propos

Ce livre s'adresse à toutes celles et tous ceux qui rejettent la pensée unique et dogmatique et qui par penchant naturel ou par éducation adoptent des démarches de pensée rationnelle. Nous espérons que les lecteurs de 17 à 77 ans et plus pourront en tirer profit pour fortifier leur sens critique, qu'ils feront preuve de scepticisme devant des raisonnements flous et tendancieux.

Pour nous la Rationalité et l'Éthique en sciences, c'est le rejet des pseudo-sciences et des théories obscurantistes.

Cet ouvrage part du principe que pour comprendre le présent, il faut visiter le passé avec ses errements, ses anciennes doctrines, mais aussi ses découvertes fondamentales. Il est organisé en deux parties :

I - Rationalité et zététique en philosophie des sciences

II - Rationalité et épistémologie en mathématiques

Nous avons conçu l'ensemble de l'ouvrage dans un certain esprit encyclopédique, afin de parler à la mémoire de celles et ceux qui ont quitté les bancs des lycées ou des universités, peut-être récemment ou, comme nous-mêmes, il y a fort longtemps.

Nous avons voulu décrire diverses sortes de raisonnement, usant de la rhétorique, des logiques, formelle et dialectique, de la pensée probabiliste et statistique, de l'exploitation d'observations expérimentales.

Les chapitres sur la philosophie et l'épistémologie des sciences sont principalement inspirés des travaux de Gaston Bachelard, Alexandre Koyré, Jean Piaget, et beaucoup d'autres que nous avons consultés à la Bibliothèque Nationale de France.

Sommaire

Première partie

Rationalité et zététique en philosophie des sciences

Introduction

Dans cet ouvrage, nous avons cherché à approfondir une réflexion sur les fondements de la rationalité en philosophie des sciences, pour montrer ce qu'une pensée rationnelle peut apporter à la démarche scientifique. Nous partageons pleinement cette affirmation de l'Union rationaliste[1] : « *Le rationalisme est d'abord la reconnaissance du rôle fondamental de la raison dans l'aventure humaine* », illustrée par sa publication récente du livre *Science et Culture, repères pour une culture scientifique commune*[2].

Nous partageons aussi les propos développés dans le livre *La rationalité scientifique aujourd'hui* publié par l'Académie des Sciences à l'occasion de ses 350 ans[3]. Nous nous retrouvons particulièrement dans les deux derniers chapitres : *La rationalité, une et complexe* de Gerhard Heinzmann et *La rationalité scientifique face à deux défis distincts : le relativisme cognitif, l'anti-science* de Claude Debru.

Dans un esprit zététique[4] nous avons souhaité nous joindre chemin faisant à la *promenade dialectique dans les sciences*[5] d'Évariste Sanchez-Palencia. Nous avons voulu dénoncer les pratiques alternatives irrationnelles et les raisonnements simplistes et faux dans différents domaines des sciences mathématiques, naturelles et humaines et dans leurs applications techniques. Pour nous, la démarche scientifique désigne l'ensemble des opérations mentales et pratiques successives et nécessaires pour obtenir des résultats fiables et reproductibles au moyen de modèles théoriques validés, de calculs vérifiés et d'expérimentations contrôlées par une communauté de pairs.

---

[1] L'Union rationaliste est une association loi 1901, fondée en 1930 sous l'impulsion de scientifiques, notamment par Paul Langevin, pour promouvoir la pensée rationnelle et les méthodes de la science.

[2] *Science et culture. Repères pour une culture scientifique commune,* coordonné par Jacques Haïssinski et Hélène Langevin-Joliot, Éditions Apogée, 2015.

[3] *La rationalité scientifique aujourd'hui*, sous la direction de Claude Debru, Jean-Pierre Kahane et Évariste Sanchez-Palencia, EDP. Sciences, 2016.

[4] La zététique : art pour pénétrer la raison des choses (Littré du XIXe siècle).

[5] Évariste Sanchez-Palencia, *Promenade dialectique dans les sciences*, Hermann éditions, 2012.

Aujourd'hui, la science et ses applications sont les cibles de campagnes hostiles largement médiatisées, imprégnées d'idéologies obscurantistes. Ainsi, beaucoup de personnes sont sceptiques vis-à-vis de la science, un grand nombre de nos contemporains croient en de fausses sciences, consultent les horoscopes et autres perversités divinatoires issues d'un autre âge. Nous avons donc cherché à cerner les fondements de la rationalité en sciences en nous intéressant d'abord à leurs développements historiques.

Cependant, la philosophie des sciences a fait l'objet de grands développements au vingtième siècle. Les écrits de deux grands épistémologues français, Gaston Bachelard et Alexandre Koyré, nous ont beaucoup inspirés pour éclairer notre propos. Mais nous n'avons pas ignoré les autres philosophes des sciences de cette époque, comme Karl Popper, Bertrand Russel, Willard Van Orman Quine etc. Pour nous, suivant en cela Gaston Bachelard, chaque hypothèse, chaque équation, chaque interprétation d'une expérience, appellent un éclairage épistémologique. Pour comprendre un raisonnement ou analyser un résultat, il faut donc interroger l'épistémologie des connaissances en jeu. C'est notamment le cas en sciences physiques quand une théorie ancienne est à relativiser dans son contexte historique et à approfondir dans un cadre plus général, comme cela a été le cas par exemple du remplacement de la théorie de l'*impetus*, précurseur de la notion de quantité de mouvement, par la mécanique générale du point et du solide.

Nous avons aussi souhaité présenter différentes approches du déterminisme en sciences et en philosophie, du rationalisme cartésien à la position de René Thom pour les sciences, et de Baruch Spinoza à Karl Popper pour la philosophie.

De même, l'exposé des types de raisonnements et du développement de la pensée logique nous ont conduits à présenter et comparer différentes approches historiques de la logique, de celle de Gottfried Wilhelm Leibniz à celle d'Emmanuel Kant, jusqu'au développement contemporain de la logique formelle et de la théorie des ensembles dont nous donnons une courte présentation dans le deuxième volume.

Cependant, la pensée logique héritée d'Aristote, réduite au *modus ponens*, ne peut suffire aujourd'hui pour comprendre et justifier les démarches de pensée accompagnant l'avancée fulgurante des connaissances en sciences.

Par exemple, la pensée probabiliste se distingue essentiellement de la logique bivalente, et ses applications dans l'interprétation de données statistiques sont incontournables. De même, la mise en œuvre et l'exploitation de mesures expérimentales supposent l'acquisition d'une certaine logique dans la gestion des erreurs et des approximations. Nous leur avons consacré quelques pages.

Enfin, nous nous sommes attachés à pointer certaines dérives et perversions de l'esprit scientifique, comme le scientisme, le positivisme ou le relativisme. Afin de contribuer à une réflexion sur les méthodes pour développer un positionnement critique en sciences, nous avons fait appel à l'analyse zététique, professée à Nice par Henri Broch.

Cet ouvrage est avant tout un essai qui appellera, nous l'espérons, des critiques et d'autres contributions. C'est ce que nous souhaitons pour que la pensée rationnelle ne s'efface pas sous le déferlement médiatique des fausses sciences et autres charlataneries.

Chapitre I
Origine de la méthode scientifique

Origine de la science héritière de la philosophie naturelle

On considère souvent que la science est héritière de la philosophie naturelle d'Aristote.

On a tenté de faire remonter la pensée scientifique à la pensée antique grecque, survenue durant les VIe et Ve siècles avant J.-C. Selon Platon, « il est impossible qu'un fait, quel qu'il soit, puisse apparaître sans cause »[6]. En fait, si les grecs ont tenté de trouver des relations de causes à effets dans les phénomènes naturels, plutôt que de s'en remettre à l'intervention des dieux pour les expliquer, leurs explications restaient toutefois très limitées, très spéculatives, sans rechercher à les faire reposer sur des vérifications rigoureuses.

La démarche scientifique est née à partir de ce qu'Aristote a appelé la philosophie naturelle. Pour Aristote la philosophie naturelle englobait les méthodes expérimentales philosophiques, mathématiques et de sciences appliquées, il est à remarquer que pour les philosophes présocratiques, Dieu était ignoré. La philosophie naturelle ou philosophie de la nature, connue en latin sous le terme *philosophia naturalis*, est une expression qui s'applique à l'étude objective de la nature et de l'univers physique qui régnait avant le développement de la science moderne (Galilée).

Traditionnellement alliée à la téléologie naturelle[7], elle désignait autrefois l'ensemble des sciences astronomiques, physiques, chimiques et biologiques. La philosophie naturelle se distinguait de la philosophie morale qui désignait non seulement la morale et l'éthique, mais aussi la théorie de la connaissance, la psychologie, la sociologie, la politique, l'esthétique, etc. Cette philosophie naturelle était aussi pour les grecs un univers intellectuel qui restait rempli de magie et de religion.

Jusqu'à la Renaissance les penseurs ont raisonné majoritairement par convictions et certitudes et par des spéculations théoriques, à la

---

[6] Platon, *La République*, livre 2, œuvres complètes avec commentaires de Léon Robin, la Pléiade, 1950.

[7] Voir l'analyse zététique, chapitre X, point 10, la téléologie selon Hegel.

façon des grecs, sans vraiment se préoccuper de savoir si leurs convictions pouvaient être réfutées ou vérifiées rigoureusement par les faits observés dans la nature.

Ce n'est qu'à partir des travaux de Galilée, qu'on a commencé à contrôler les faits expérimentaux par une analyse rigoureuse pour étayer les affirmations philosophiques émises sur le fonctionnement de la nature. Ce point de vue est caractéristique de la conception discontinuiste de l'histoire des sciences qu'Alexandre Koyré (1892-1964) a partagée avec Gaston Bachelard (1884-1962).

Pour Koyré,

> « *Passer du monde clos de la cosmologie aristotélicienne à la théorie d'un 'univers infini' d'Isaac Newton suppose ainsi une transformation radicale des bases métaphysiques sur lesquelles repose la physique* »[8].

Ce constat sur l'évolution de la Science qui dépasse souvent l'homme, a été ainsi énoncé par Koyré :

> « *Aussi surprenant que cela puisse nous paraître, on peut édifier des temples et des palais, et même des cathédrales, creuser des canaux et bâtir des ponts, développer la métallurgie et la céramique, sans posséder de savoir scientifique ou en posséder des rudiments. La science n'est pas nécessaire ; n'exagérons pas son rôle historique. On voit quel intérêt pour situer son modernisme à travers les révolutions qui ont secoué et secouent le monde scientifique, pour le situer dans la pensée humaine. Ces Études d'histoire de la pensée scientifique sont donc, elles aussi, des Études de la pensée philosophique* ».

Méthodes d'investigations scientifiques

Le concept de méthode tire son origine dans le mot grec *methodus* (chemin) et désigne le moyen employé pour parvenir à des fins. La méthode scientifique concerne la recherche à développer pour exploiter et quantifier une observation ou une mesure. La méthodologie scientifique désigne l'ensemble des démarches nécessaires permettant d'obtenir une vue objective sur les phénomènes

---

[8] Alexandre Koyré, *du monde clos à l'infini,* traduction de l'anglais, Gallimard 1991.

naturels par le biais d'instruments et de calculs. Elle est fondée sur la capacité de répéter une expérience donnée en d'autres lieux et par d'autres personnes pour valider ou réfuter telle ou telle hypothèse.

La démarche scientifique est guidée par la volonté de comprendre, se nourrissant de la confrontation au réel, incluant le doute.

Méthodologie

On peut distinguer plusieurs types de méthodes d'investigations :

- la méthode empirique analytique, basée sur la logique empirique en séparant les éléments d'un phénomène et en considérant chacun d'eux pris individuellement,

- la méthode hypothético-déductive,

- la méthode expérimentale de l'observation scientifique et de la mesure physique,

- la méthode herméneutique qui étudie la cohérence interne des textes,

- la méthode dialectique qui considère le phénomène historique et social en mouvement continu,

- la méthode phénoménologique de la connaissance accumulative,

- la méthode historique qui associe la connaissance des différentes étapes des objets dans leur succession chronologique.

La méthode a priori

Dès l'antiquité on a raisonné par des méthodes *a priori* et *a posteriori*. Selon Eugène Chevreul[9] :

« La méthode à priori procède par postulats. La méthode à postériori procède uniquement par l'expérience. Elle [la méthode scientifique] appartient essentiellement à la méthode à postériori, puisque celle-ci cherche la vérité en isolant les parties du tout sans préoccupation d'une doctrine préconçue, comme le fait la méthode à priori ».

---

[9] Avant 1880, on écrivait *à priori* et *à postériori* pour *a priori* et *a posteriori.*

Selon Claude Bernard :

« Chaque homme se fait de prime abord des idées sur ce qu'il voit, et il est porté à interpréter les phénomènes de la nature par anticipation, avant de les connaître par expérience... La méthode expérimentale a pour objet de transformer cette conception a priori, fondée sur une intuition ou un sentiment vague des choses, en une interprétation a posteriori établie sur l'étude expérimentale des phénomènes. C'est pourquoi on a appelé la méthode expérimentale la méthode a posteriori »[10].

Plus loin, il ajoute :

« Dans les sciences, il y a, au point de vue expérimental, des idées qu'on appelle a priori parce qu'elles sont le point de départ d'un raisonnement expérimental, mais au point de vue de l'idéo genèse, ce sont en réalité des idées a posteriori. En un mot, l'induction a dû être la forme de raisonnement primitif et général, et les idées que les philosophes et les savants prennent constamment pour des idées a priori ne sont au fond que des idées a posteriori »[11].

Évidemment, toutes les recherches entreprises d'après cette méthode doivent tendre à la généralisation précise des faits particuliers ; car, dès qu'on est parvenu à le faire, l'enseignement synthétique devient possible.

Selon Spinoza (1632-1677) :

« N'oublions pas que seule la connaissance peut mener vers cette perfection. Si par contre nous sommes en quelques occasions frustrés dans notre espoir, il en résulte une très grande tristesse. Pour traverser la meilleure recherche de la vérité, on n'aura pas besoin d'une autre méthode pour rechercher cette méthode de recherche de la vérité, on n'aura pas besoin d'une troisième et ainsi à l'infini, en effet de cette façon on n'arriverait jamais à une connaissance de la vérité et même à une connaissance quelconque... toutes les sciences doivent nous amener vers un seul but, la perfection »[12].

---

[10] Claude Bernard : *Introduction à l'étude de la médecine expérimentale*, Flammarion, 2013, p 47.

[11] Ibid p 69.

[12] Spinoza, *Œuvres complètes, l'éthique,* Flammarion, 2008.

La méthode *a priori* est essentiellement dogmatique car elle procède par postulats. Elle s'imposa dans l'antiquité et au Moyen Âge jusqu'à Galilée. Pour ses adeptes, elle a constamment mis en avant des principes qu'elle n'a pas tenu à prouver car, d'après elle, ils émanaient d'une doctrine vraie qu'on ne pouvait remettre en question[13].

L'enseignement *a priori* procède du principe à ses conséquences et de l'idée générale aux idées particulières. C'est-à-dire que l'on va du plus simple au plus complexe par postulats successifs. Mais le reproche que l'on a fait à la méthode a priori, est qu'elle ne fait pas appel à la démonstration. Par exemple, dire que l'astrologie n'est pas condamnable a priori ne peut procéder d'une démonstration.

Chevreul[14] résume ainsi la méthode *a priori* :

> *« La considération de la simplicité du principe, relativement aux faits particuliers qu'on y rattache, a une grande importance : car si vous acceptiez le principe pour un ensemble, un tout de parties diverses, évidemment en le prenant pour point de départ, vous diriez que l'enseignement à priori est analytique, puisque, dans cette supposition, il procéderait du tout aux parties du tout ».*

Ces remarques montrent la difficulté d'appliquer les mots analyse et synthèse d'une manière claire et précise à des raisonnements scientifiques, lorsqu'on a négligé de s'expliquer nettement sur leur point de départ.

La méthode a posteriori

Chevreul publia en 1871 son ouvrage *De la méthode à posteriori expérimentale et la généralité de ses applications*. Chevreul voulait démontrer précisément qu'il était l'homme de la méthode expérimentale et du fait incontestablement vérifié. La méthode *a posteriori* suit la voie de l'analyse, selon les principes de Descartes. Cette méthode cherche à isoler l'objet de la recherche, de ce qui lui est étranger.

---

[13] Michel-Eugène Chevreul, *De la baguette divinatoire, du pendule exploratoire, des tables tournantes*, réédition E. Volf, Edilivre, 2008, § 26, 27.

[14] Michel-Eugène Chevreul, *De la méthode à posteriori expérimentale et la généralité de ses applications*, réédition par Castelli, éditions maçonniques, 2007.

C'est pour parvenir à cet isolement, qu'on recourt à l'expérience ; celle-ci servira en définitive de preuve, de contrôle, de critérium.

D'après Chevreul[15] :

« La méthode à postériori n'admet comme vérité que ce qui peut être démontré tel, il s'ensuit qu'un auteur qui avance une proposition, il lui revient la tâche de prouver ce qu'il avance. Mais si la proposition est vraie, quoique non démontrée, tôt ou tard on le reconnaîtra, et alors cette proposition servira elle-même à découvrir quelque autre vérité. Il y aura donc avancement de la science ou progrès. Telle est la marche de la véritable science ; ce qui est reconnu vrai a nécessairement tôt ou tard pour conséquence la découverte de nouvelles vérités. Mais au Moyen Âge, des faits capitaux ont été mis de côté, puis oubliés, parce que leur connaissance n'aurait conduit à aucune vérité nouvelle car non expliquée. ...
Voilà pourquoi la plupart des savants, des académiciens, ont peu de disposition à admettre des choses surnaturelles quand il s'agit, bien entendu, de ce qui n'appartient pas aux traditions religieuses.
En effet, la méthode à posteriori part de l'observation des phénomènes pour en rechercher la cause immédiate. Elle procède conformément à la manière dont est définie la méthode expérimentale qui suit la voie de l'analyse, afin d'isoler l'objet de sa recherche de ce qui y est étranger. C'est pour parvenir à cet isolement et à démontrer ensuite aux autres que le but a été atteint, qu'on recourt à l'expérience ; et c'est parce que celle-ci sert en définitive de preuve, de contrôle, de critérium, qu'on a trouvé la vérité cherchée, qu'on la qualifie de méthode expérimentale »[16].

Sous ce rapport, l'analyse a posteriori appliquée à la recherche de vérités appartient au domaine des sciences, parce que les propositions mathématiques, par le simple raisonnement, ne soulèvent point de discussion quant au degré de certitude de ce qu'elles enseignent.

---

[15] Ibid.

[16] Michel-Eugène Chevreul, *De la méthode à posteriori expérimentale et la généralité de ses applications*, réédition par Castelli, éditions maçonniques, 2007.

Selon le *Dictionnaire Rationaliste*[17] :

« Une affirmation en contradiction foncière avec des phénomènes parfaitement bien établis ou des lois parfaitement bien démontrées (ou du moins qui semblent vraiment telles) doit être écartée. Mais [concernant certaines pseudo-sciences comme l'astrologie], la mise à l'écart est, bien évidemment, faite a posteriori, même si – et cela n'est pas impossible – cet a posteriori devait être réfuté par des découvertes ultérieures plus fines.

Une affirmation qui ne présente pas le défaut précédent, c'est-à-dire qui n'est pas en opposition foncière avec la science bien établie a posteriori, mais qui ne s'appuie que sur des témoignages, ou des expériences conduites par des amateurs, (...) une telle affirmation ne peut pas et ne doit pas être repoussée a priori. Mais par contre, il est permis de manifester un scepticisme – qui ne doit pas être confondu avec la négation – et surtout il est permis aux chercheurs de refuser à consacrer leur temps à des vérifications qui peuvent ne pas les attirer ».

Il en résulte que dans de nombreux cas, la méthode *a posteriori* conduit à des raisonnements empiriques ou partiellement faux.

---

[17] *Dictionnaire Rationaliste*, éditions de l'Union rationaliste, Paris, 1964, page 42.

Chapitre II
Esprit et démarche scientifique

La Science conserve un optimisme certain dans les capacités de la Raison Humaine, à pouvoir percer, ou presque, tous les secrets de la Nature. La méthodologie scientifique a été élaborée dès le XVIIe siècle par les grands penseurs philosophes et scientifiques, en particulier par Galilée, Descartes, Pascal, Gassendi, Boyle. Dans le processus de cette démarche il faut faire la distinction capitale entre :

- La démarche progressive synthétique qui conduit à une conclusion,
- La démarche régressive inverse et analytique.

Ces deux démarches inverses et complémentaires sont celles de la synthèse et de l'analyse.

Pour le chimiste le couple synthèse-analyse va de composition à décomposition, mais pour le mathématicien cela va de la progression à la régression.

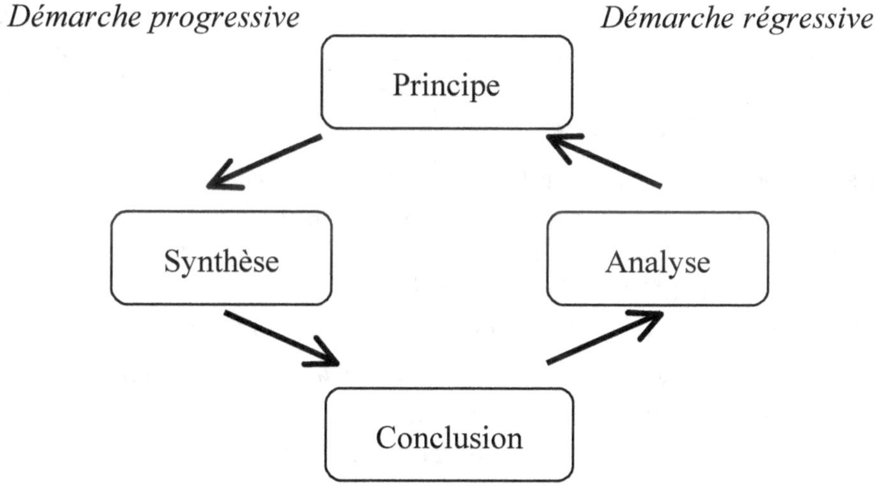

La démarche scientifique procède par étapes et repose sur l'esprit scientifique. La mise en œuvre d'un raisonnement déterministe et logique, permet de valider ou réfuter l'apport de nouvelles données dans une démarche scientifique. Un des principes fondamentaux de la démarche scientifique est que tout argument doit être justifié.

Les mathématiciens présocratiques étaient opposés à l'analyse, car ils y voyaient un retour au sens direct dans l'enchainement logique des propositions que l'analyse avait parcouru à rebours, par régression ou réduction. Il faut donc admettre que la déduction se nourrit principalement de la démonstration.

L'esprit scientifique

Comme Gaston Bachelard, notons que :

« *Il faut considérer qu'il y a eu un esprit préscientifique avant l'émergence de nouvelles sciences, et que celles-ci étaient influencées par la métaphysique. Par exemple pour expliquer l'attraction électrostatique entre deux corps, on disait, c'est que le fluide électrostatique possède des propriétés glutineuses, dans ce dit raisonnement l'électricité était assimilé à une colle* ».

Selon Bachelard :

« *La Science est une connaissance qui devient authentique par le moyen de la critique. La science seule est habilitée à tracer ses propres frontières, or pour l'esprit scientifique tracer nettement une frontière c'est déjà la dépasser. La frontière scientifique n'est pas tant une limite qu'une zone particulièrement active, un domaine d'assimilation. Au contraire la frontière imposée par le métaphysicien apparait au savant comme une frontière neutre abandonnée indifférente...*[18]

La science et la méthodologie scientifique, par la multiplicité de leurs applications ont bénéficié au XXe siècle d'un grand prestige. De ce fait toute démarche scientifique est liée à une acceptation d'un esprit scientifique. Bachelard a donné dans son ouvrage *La formation de l'esprit scientifique*[19], ses conceptions sur la science :

« *La science est un produit de l'esprit humain, produit conforme aux lois de notre pensée et adapté au monde extérieur. Elle offre donc deux aspects, l'un subjectif, l'autre objectif, tous deux également nécessaires, car il nous est impossible de changer quoi que ce soit aux lois de notre esprit, ainsi qu'à celles du Monde.*

---

[18] Dominique Lecourt, *Bachelard épistémologie, textes choisis,* 5ème éd. Puf, 1992, p. 18.

[19] Gaston Bachelard (1934), *La formation de l'esprit scientifique,* rééd. Vrin, Paris, 1971, p. 8.

Ainsi dire que pour la Philosophie scientifique, il n'y a ni réalisme ni rationalisme absolu, c'est dire qu'il ne faut pas partir d'une attitude philosophique pour juger la pensée scientifique. Et pour l'activité scientifique ; si elle expérimente, il faut raisonner ; si elle raisonne il faut expérimenter ».

De ce raisonnement est né le souci de rendre l'homme plus rationnel dans le domaine scientifique, car un tel esprit doit exiger de l'homme un effort pour éloigner de la pensée l'influence du sentiment et de l'arbitraire de la volonté.

Dans sa formation individuelle, un esprit scientifique passerait donc nécessairement par les trois états suivants, beaucoup plus précis et particuliers que les formes comtiennes.

1° L'état concret où l'esprit s'amuse des premières images du phénomène et s'appuie sur une littérature philosophique glorifiant la Nature, chantant curieusement à la fois l'unité du monde et sa riche diversité.

2° L'état concret-abstrait où l'esprit adjoint à l'expérience physique des schémas géométriques et s'appuie sur une philosophie de la simplicité. L'esprit est encore dans une situation paradoxale : il est d'autant plus sûr de son abstraction que cette abstraction est plus clairement représentée par une intuition sensible.

3° L'état abstrait où l'esprit entreprend des informations volontairement soustraites à l'intuition de l'espace réel, volontairement détachées de l'expérience immédiate et même en polémique ouverte avec la réalité première, toujours impure, toujours informe ».[20]

Selon Hubert Curien :

« C'est là une caractéristique majeure de l'activité scientifique, qui la distingue notamment des fausses sciences dont les « théories » sont en général non testable, fantaisistes et en tout cas non testées. Aujourd'hui nos concitoyens ont soif d'émerveillement et cherchent

---

[20] Gaston Bachelard (1934), *La formation de l'esprit scientifique,* réedition. Vrin, Paris, 1971, p. 10.

un refuge, les raisons d'espérer dans des pratiques où l'on peut prendre des désirs pour des réalités ».

Principes de la démarche scientifique

Les scientifiques utilisent la raison pour connaître et comprendre la réalité plutôt que de faire appel à d'autres démarches, qu'elles soient mystiques ou métaphysiques. Ils partent du principe que l'univers reste intelligible par la raison humaine. Ils mettent en avant le doute cartésien qui est un des fondements de la démarche scientifique. Ce doute s'est révélé être un puissant moteur de la découverte scientifique. La science admet que toute vérité doit être vérifiée et peut être remise en cause chaque fois qu'un nouveau fait apparaît. Elle prône le libre examen de toute théorie, à condition que ce libre examen ne soit pas gratuit et puisse apporter de nouveaux éléments.

L'explication scientifique du monde essaie d'être cohérente et, en principe, aucune loi ne peut contredire une autre loi, à condition de bien définir leurs domaines de validité, comme par exemple l'interprétation de la lumière entre théorie ondulatoire et corpusculaire. La science procède la plupart du temps par remise en question des différentes théories ou hypothèses qui ont été établies successivement. Toute nouvelle théorie doit pouvoir être testée par plusieurs personnes, et si possible par différents appareillages ou méthodes, et surtout en plusieurs lieux.

Dans une démarche scientifique, il faut déterminer une règle de fonctionnement des idées. Voyons ce qu'est, en fait, cette méthode et éventuellement d'où elle est venue. La démarche scientifique procède par étapes selon le cycle d'observation de nouveaux faits vers l'élaboration d'une nouvelle théorie, et à son tour vérifiée par l'observation. La démarche scientifique est une démarche rigoureuse et tatillonne. Elle descend dans le moindre détail, comme dans une enquête réalisée par la police scientifique. Tout détail, même le plus anodin, est un indice intéressant.

Durant le processus de vérification et de validation scientifique, on vérifie de nouveau tout sans cesse, on procède à des contre-vérifications rigoureuses, tant que subsiste le moindre doute, on doit procéder à une abondance de vérifications.

La démarche scientifique procède par le doute raisonnable.

Le doute dit raisonnable suppose de nombreuses vérifications qui peuvent être remises en cause par de nouvelles connaissances. La démarche scientifique est aussi basée sur la conviction que le monde observé n'est pas essentiellement trompeur et que des vérités intangibles, voire immuables, existent dans l'univers. Pourtant, bien que nombreux sont ceux qui en parlent et semblent la connaître, bien peu de personnes, en fait à part les scientifiques eux-mêmes, comprennent réellement ce qu'est l'esprit et la méthode scientifique

Vérifications de nouvelles connaissances

Pour valider de nouvelles théories, il faut vérifier de façon rigoureuse leur adéquation aux faits expérimentaux. Sinon, pour un scientifique, ce serait une erreur de croire, comme certains philosophes grecs, que la puissance du raisonnement peut éviter tout recours à l'expérience.

Un principe clé de la méthode scientifique est que personne ne peut déclarer exacte une allégation, si elle ne peut la justifier par des preuves expérimentales ou des arguments théoriques. On n'a pas réponse à tout, et des tests empiriques peuvent éviter bien des erreurs. Il faut être méfiant envers des informations tronquées, incomplètes, car elles peuvent nous conduire à des interprétations erronées et à affirmer de complètes inepties. Toute information incomplète doit donc être complétée ou rejetée. Dans tous les cas, toute hypothèse nouvelle devra être partagée par d'autres personnes.

L'intuition peut conduire vers de bons développements, mais il est nécessaire de les contrôler avant toute conclusion hâtive. Si l'on a mal appliqué une relation ou négligé un phénomène, notre propre intuition peut nous persuader, en toute bonne foi et à tort, de la justesse de nos hypothèses.

Selon Pascal :

« Pour montrer qu'une hypothèse est évidente, il ne suffit pas que tous les phénomènes la suivent ; au lieu de cela si elle conduit à quelque chose de contraire à un seul des phénomènes, cela suffit à établir sa fausseté »[21].

---

[21] Blaise Pascal, *Pensées*, Œuvres complètes, La Pléiade, 1960.

Pour éviter ce genre d'erreur, il est nécessaire de vérifier l'information ou les données concernées à partir de plusieurs sources indépendantes et de procéder à des contre-expérimentations. Il faut réaliser aussi de multiples vérifications répétitives du phénomène ou du fait, en en modifiant éventuellement les conditions expérimentales. Toutes ces vérifications et contre-vérifications ont pour but de confirmer, aussi rigoureusement que possible, la validité d'hypothèses. Rien ne doit être négligé pour éviter à tout prix le risque de commettre une erreur, même la plus minime. Ce type de démarche doit être aussi appliqué à la vérification d'un fait observé.

Pour éviter une désinformation et dans le doute sur l'authenticité d'une information, surtout si celle-ci est extraordinaire tout particulièrement dans le cas de l'annonce de nouveaux résultats d'expérience, il faut regrouper les informations et rechercher d'autres sources. Cette rigueur peut permettre d'éliminer les contrevérités, et les impostures. Il faut vérifier qu'aucune information extérieure ou tendancieuse ne soit venue perturber leur jugement. On ne peut jamais se contenter de la bonne foi d'une personne aussi respectable soit-elle. Aucun domaine de la science ne peut se passer ou être exempt de cette démarche très exigeante ou se croire être « au-dessus » ou hors de l'expérimentation scientifique.

Cependant, en sciences humaines et économiques, mais aussi en physique quantique, l'observation peut modifier l'expérimentation et perturber la mesure.

Selon J. S. Bell[22],

> *« Le problème de la mesure et de l'observation est de savoir où la mesure commence et où elle finit, car l'observateur peut modifier l'expérience ou le comportement de l'expérimenté ».*

C'est le cas en ethnologie où le chercheur par sa présence dans une civilisation qui lui est étrangère modifie progressivement le comportement des individus, ce que Lévi-Strauss avait bien étudié dans son ouvrage « tristes tropiques ».

Cette contestation a été mise en évidence par Heisenberg en physique nucléaire. Le principe de Heisenberg stipule qu'on ne peut

---

[22] John Stewart Bell, *Speakable and Unspeakable in Quantum Mechanics*, Cambridge University Press, 1989.

connaître précisément en même temps la position et la vitesse d'une particule élémentaire, car l'observation ou la mesure perturbe les propriétés (vitesse et position) d'une particule élémentaire.

Selon Heisenberg, on n'étudie pas la « nature » intrinsèque des choses, mais seulement une représentation de celles-ci[23].

Pour les scientifiques, il n'y a pas de voie magique ou royale à la connaissance. Cette dernière ne peut être obtenue qu'à partir de nombreux efforts d'investigations et par de nombreuses expérimentations[24].

Falsifiabilité ou réfutabilité

Depuis l'origine, la philosophie s'est attachée à distinguer le vrai du faux, le juste de l'injuste et à reformuler les problématiques, en élaborant des outils de réflexion destinés à aider les hommes à s'affranchir des limites intellectuelles qui délimitent leur représentation du monde.

Dans son livre *Logik der Forschung* (Logique de la découverte scientifique), publié en 1934, Karl Popper (1902-1994) place le principe de falsification au cœur de la démarche scientifique : démontrer la fausseté d'une conclusion entraîne la fausseté de la théorie de laquelle elle est déduite[25], en vertu du principe logique qui veut que du faux, on ne peut conclure le vrai. Karl Popper met la Science et sa méthodologie au centre des discussions. Pour lui, il y a un critère de démarcation entre les théories qui se présentent à bon droit comme scientifiques et celles qui relèvent d'une pseudo-science. Ce critère est celui de la réfutabilité ou falsifiabilité qui pourrait assurer le caractère scientifique d'une connaissance.

Une théorie scientifique se distinguerait par l'ensemble des propositions qui la constituent, parmi lesquelles il existerait au moins

---

[23] Les valeurs des positions et des durées, mesurées, pour les particules élémentaires vont et viennent entre toutes les valeurs possibles d'une certaine fourchette de valeurs.

[24] D'une manière générale, les scientifiques ne croient pas à une vérité infuse, tombée du ciel.

[25] Karl-Raimund Popper, *Logique de la découverte scientifique,* traduction de l'anglais, éd. Flammarion Paris, 1973, p. 74, 75.

un énoncé singulier désignant un test empirique qui, s'il était vérifié, la réfuterait[26]. Dans une Science éminemment déductive, ce critère assurerait le maintien de la validité d'une loi jusqu'à ce que les faits prouvent où et comment elle serait fausse. En revanche la vérification empirique des conséquences d'une théorie ne permet pas d'en affirmer la vérité[27].

Selon Thomas Kuhn, c'est à Karl Popper que revient le mérite d'avoir proposé des critères précis permettant :

> *« De distinguer les sciences des pseudo-sciences. Sa formation à la fois philosophique et scientifique, de même que ses engagements humanitaires et sa passion de jeunesse pour la psychanalyse, lui ont permis de comprendre très tôt, que les véritables scientifiques formulent leurs hypothèses de façon à en déduire des faits observables qui pourront les confirmer si elles sont adéquates ou les infirmer si elles ne le sont pas. Il a posé aussi qu'une affirmation dont on ne peut prouver ni qu'elle soit fausse ni qu'elle soit vraie ne peut pas entrer dans les critères de la science. Enfin, la science véritable s'auto-évalue en permanence, le scientifique s'appuie sur des vérités provisoires, de nouvelles expériences peuvent les réfuter et faire émerger de nouveaux paradigmes »* [28].

Selon Dominique Lecourt,

> *« Pour Popper, la démarche scientifique n'est pas inductive car elle ne procède pas par observations et formulation des lois ; mais elle est au contraire hypothéticodéductive. C'est l'énoncé de conjectures audacieuses qui est premier, lesquelles sont ensuite soumises à l'épreuve de l'expérimentation ».*[29]

Au début de sa carrière de philosophe en 1920, K Popper avait donné ses premières conclusions qu'il a reprises dans son ouvrage

---

[26] Karl-Raimund Popper, *Logique de la découverte scientifique,* traduction de l'anglais, éd. Flammarion Paris, 1973.

[27] Karl Popper, *La connaissance objective*, édition française de 1972, Paris 1991, p. 516, 517.

[28] Thomas Kuhn, *La structure des révolutions scientifiques*, Flammarion, 1972.

[29] Dominique Lecourt ; Dictionnaire d'Histoire et philosophie des sciences, deuxième édition PUF 2006.

conjectures et réfutations publié en anglais en 1963 et traduit en français par Michèle Irène et Marc de Launay [30].

Pour vérifier une hypothèse, Popper parle de corroboration lors de tests expérimentaux indépendants, mais insiste sur le fait qu'une corroboration ne permet pas de conclure à la vérité absolue d'une hypothèse générale ou même à sa grande probabilité pour un temps infini.

Pour Popper le degré de corroboration d'une théorie augmente son degré d'improbabilité logique, qu'il distingue d'une improbabilité mathématique, car plus une théorie est corroborée par des tests, plus elle interdit certains faits de se produire. Chaque bonne théorie scientifique est une interdiction, elle interdit certaines choses qui se produisent. Plus une théorie interdite, mieux elle est. Ce sont ces interdictions potentielles qui rendent la théorie de plus logiquement improbable. Pour Popper l'accumulation de faits corroborés ne permet pas d'énoncer une théorie universelle. Par exemple, dire « tous les cygnes sont blancs » n'est justifié que dans un lieu déterminé car il existe des cygnes noirs en Asie.

La modélisation

Élaboration d'une théorie par un processus de modélisation

La modélisation permet de quantifier un phénomène observé et d'en construire une théorie. La science ne fournit en fait que des modèles de la Réalité s'intégrant au sein de théories. Elle n'a jamais affirmé que ces modèles seraient « la vérité absolue ultime », ou qu'elle détiendrait la Vérité avec un grand V. La science admet seulement que les modèles élaborés et les lois simples qui en sont déduites, ne sont que l'approximation d'une réalité inaccessible dans sa totalité.

D'après John Von Neumann[31] :

> *« Les sciences n'essayent pas d'expliquer ; c'est tout juste si elles tentent d'interpréter ; elles font essentiellement des modèles. Par modèle, on entend une construction mathématique qui, à l'aide de certaines interprétations verbales, décrit les phénomènes observés.*

---

[30] Karl Popper, *conjectures et réfutations* ; la croissance du savoir scientifique, traduction commentée par Michèle Irène et Marc de Launay, Payot, 2006.

[31] Cité par James Gleick, *La théorie du chaos*, éditions Albin Michel, Paris, 1989.

La justification d'une telle construction mathématique réside uniquement et précisément dans le fait qu'elle est censée fonctionner ».

Ainsi, beaucoup de justifications ou de réfutations d'une information peuvent se faire au moyen de modélisations physiques ou théoriques.

Notion de modèle

Le terme de modèle est utilisé dans des sens assez variés, voire contraires. Dans une première acception, c'est ce que l'on reproduit par imitation (définition Larousse). Par exemple, le modèle du peintre (ou le « top-modèle » du photographe de mode) est l'objet (ou le sujet) réel que l'artiste se propose de représenter. Ce modèle porte en lui des qualités communes à d'autres objets (ou sujets) mais les mets particulièrement bien en évidence, du point de vue de cet artiste qui se doit de choisir un « bon modèle » pour l'inspirer dans la réalisation de son œuvre.

Dans le même registre, on parlera d'un élève modèle en disant de lui qu'il donne un bon exemple aux autres élèves, à suivre si possible, car il a un comportement typique par rapport aux meilleures attentes que l'on peut avoir. D'un point de vue analogue, mais dans une démarche inverse, on appelle modèle d'une théorie formelle, un exemple concret dont les propriétés décontextualisées réalisent celles de la théorie.

Nous adoptons un point de vue contraire, en nous inspirant de la définition donnée par Alain Pavé[32] :

« Un modèle est une représentation symbolique de certains aspects d'un objet ou d'un phénomène du monde réel, c'est à dire une expression ou une formule écrite suivant les règles du système symbolique d'où est issue cette représentation ».

Cette notion de modèle a émergé au cours des années 60, lorsqu'est apparue la nécessité de mieux préciser la distinction entre le sujet du monde réel que l'on étudie et son idéalisation. On ne retient pour cette étude que certains des aspects caractéristiques de la réalité, qui semblent être pertinents et que l'on simplifie en une abstraction de cette réalité. Dans une conception platonicienne, l'objet idéal et abstrait (qu'on ne voit que par la pensée) ainsi obtenu, bien défini, est

---

[32] Alain Pavé, *modélisation en biologie et écologie*, Aléas ed., 1994.

un modèle de cette réalité complexe, changeante, insaisissable dans sa diversité.

Mais, nous distinguerons une simple description ou une représentation de la réalité d'un modèle qui, dans sa structure, contient une part de connaissances théoriques permettant d'évaluer, interpréter et généraliser cette réalité.

Cette remarque nous conduit à la définition suivante, qui distingue le modèle en tant que structure abstraite de la symbolique utilisée pour le décrire :

> *Un modèle est une interprétation abstraite, simplifiée et idéalisée d'un objet du monde réel, ou d'un système de relations, ou d'un processus évolutif issus d'une description de la réalité.*

Ce modèle peut être représenté dans différents systèmes de signes : images, schémas, langages ou symbolismes, s'inscrivant dans différents registres de représentations, plus ou moins isomorphes. Par exemple, on peut présenter un modèle par une analogie, en y introduisant des objets idéalisés de la réalité. Cela veut dire que dans un vocabulaire courant, les objets du modèle sont doués de propriétés caractéristiques bien définies. Nous parlerons alors de modèles "pseudo-concrets". C'est le cas notamment des modèles d'urnes en probabilités, où l'hypothèse implicite est l'équiprobabilité des boules dans un tirage "au hasard".

Processus de modélisation, modèle pseudo-concret

Si l'on veut introduire une véritable démarche expérimentale, il convient de ne pas négliger la première étape de la modélisation au niveau de la situation concrète : l'observation d'une situation réelle et sa description en termes courants. Cette description est déjà une sorte d'abstraction et de simplification de la réalité, dans la mesure où certains choix sont faits, pour ne retenir que ce qui semble pertinent de cette situation, vis à vis du problème étudié. Cette description est d'ailleurs pilotée par ce que l'on peut appeler un regard théorique, c'est à dire une connaissance de type scientifique s'appuyant sur des modèles généraux pré construits, pour apprécier justement ce qui se révélera pertinent.

La démarche expérimentale consiste aussi à pouvoir agir sur la réalité, afin d'en étudier les évolutions et les invariants. Il faut donc pouvoir mettre en œuvre une expérimentation programmée par un "protocole expérimental", c'est-à-dire l'ensemble des instructions à suivre pour réaliser cette expérience et éventuellement la reproduire. De nouvelles compétences sont alors attendues : savoir décrire une situation porteuse d'un problème, savoir mettre en œuvre un protocole expérimental, et recueillir les effets obtenus, savoir organiser les données recueillies, savoir lire une statistique. Puis il s'agit de traduire cette description en un système simplifié et structuré : c'est le niveau du *modèle pseudo-concret*, ce qui se traduit par l'appel à un modèle général dont les conditions de transfert sont maîtrisées.

Modèle concret

Un des cas les plus célèbres fut les expériences sur la datation de la Terre par Buffon en 1770. Il concevait à juste raison que la Terre avait été jadis une boule de feu qui, peu à peu, s'était refroidie pour donner le globe tiède sur lequel nous vivons. Buffon était un esprit curieux et rationaliste qui sut distraire, du seul profit espéré, la part qu'il fallait pour satisfaire son désir de connaître.

Maître de forges, Buffon fit modeler des boules sphériques de fer de plusieurs tailles définies, les fit chauffer à blanc puis mesura le temps pour qu'elles refroidissent à la température de la forge33. Il en tira une loi qui reliait le temps de refroidissement de la boule à sa taille. Cette loi, connaissant la taille de la Terre, lui permit de calculer le temps que cette dernière aurait mis pour se refroidir depuis sa formation. Comme la Terre n'est pas du fer, il fit façonner d'autres boules de métaux divers, de marbre et d'argile. Il pratiqua ainsi une multitude d'expériences de physique. Tout cela pour aboutir au résultat suivant : la Terre aurait plus de 85 000 ans. Cette date était une limite inferieure car la température du soleil est très supérieure à celle obtenue avec une combustion de tourbe.

Buffon a dû se rétracter pour ce chiffre de 85 000 ans, car pour l'Église Romaine, la date ne pouvait qu'être proche des 5800 ans prévus par la Genèse.

---

[33] Buffon fit ces expériences dans ses forges du village de Buffon à côté de Montbard.

La notion de modèle est essentielle en probabilités

D'après David Ruelle[34],

> *« Un modèle consiste à coller une théorie mathématique sur un morceau de réalité. Pour certains de ces morceaux de réalité, il existe des idéalisations qui font intervenir les probabilités. On s'intéresse à ces idéalisations parce qu'elles sont utiles. »*

Par exemple, en statistique, lorsque l'on fait un test d'hypothèses[35], on accepte un modèle présupposé. Ayant prélevé aléatoirement un échantillon dans une certaine population, on formule l'hypothèse : « l'échantillon est extrait d'une population de moyenne *m* », hypothèse que l'on accepte, à moins que la valeur de la moyenne observée dans l'échantillon soit trop improbable dans cette hypothèse, et fasse rejeter ce modèle.

Ainsi, les probabilités en jeu sont largement déterminées par le modèle de l'expérience aléatoire que l'on veut représenter. En fait, elles font partie du modèle choisi.

Prenons l'exemple du paradoxe de Bertrand[36] : choisissant « au hasard » une corde d'un cercle, on demande la probabilité qu'elle soit plus grande que le côté du triangle équilatéral inscrit dans ce cercle. Cet événement est réalisé si le milieu de cette corde est à une distance du centre inférieure au rayon. Les différentes manières de choisir la corde au hasard donnent des résultats différents pour la probabilité de cet événement qui fait seulement intervenir la longueur de la corde :

- Si choisir au hasard une corde revient à choisir au hasard sa distance au centre du cercle entre 0 et R, cette probabilité vaut ½.

- Si choisir au hasard une corde revient à choisir au hasard ses extrémités sur la circonférence, cette probabilité vaut 1/3.

---

[34] David Ruelle, *Hasard et Chaos*, Éditions Odile Jacob, Paris, 1991.

[35] Voir le chapitre *La pensée probabiliste et statistique* dans la deuxième partie.

[36] Joseph Bertrand (1822- 1900), mathématicien français, économiste et historien des sciences. On trouvera une présentation de ce paradoxe célèbre dans l'article de Michel Henry et Henri Lombardi, *Paradoxes et lois de probabilités,* Repères-IREM n°13, octobre 1993.

- Si choisir au hasard une corde revient à choisir au hasard son milieu dans le disque, cette probabilité vaut ¼.

En fait la question posée par Bertrand ne préjuge pas du modèle probabiliste à utiliser pour représenter cette expérience : la répartition uniforme sur un rayon, ou sur la circonférence ou sur la surface du disque.

Chapitre III
Principes de raisonnements

Pour les mathématiciens et physiciens, la déduction mathématique est indispensable à tout raisonnement. Cependant, dans un modèle représentatif, il lui faut avoir une correspondance avec la réalité.

Selon Bachelard, la raison doit obéir à la science,

> *« elle doit se mettre en équilibre avec l'expérience, la plus richement structurée et en toute circonstance, l'immédiat doit céder le pas au construit. C'est-à-dire qu'il faut accepter parfois une rupture entre la connaissance sensible et la connaissance scientifique, car les connaissances sensibles sont imprégnées de pragmatisme et de réalisme immédiat*[37] *».*

La déduction n'est en général pas vue comme une proposition particulière, mais plutôt comme une liaison nécessaire entre deux propositions. Cette évolution a été rendue possible par la mathématisation des phénomènes physiques ce qui a permis d'échapper à l'empirisme. La méthode scientifique est basée sur l'ensemble des principes guidant ou devant guider les processus de raisonnements. Lorsqu'il s'agit d'observations, d'expériences, ou de calculs théoriques, cette méthode peut être en contradiction avec les raisonnements du *modus ponens* et du *modus tollens*.

Dans un raisonnement il y a à la base un procédé d'inférence (si... alors...) en partant d'une prémisse pour aboutir à une conclusion. L'inférence est une opération portant sur les propositions tenues pour vraies (les prémisses) et conduisant à la vérité ou à la fausseté d'une nouvelle proposition en vertu de sa liaison avec les premières. L'inférence désigne les actions de mise en relation d'un ensemble de propositions aboutissant à une démonstration de vérité, de fausseté ou de probabilité. On constate que les erreurs de raisonnements proviennent de prémisses fausses ou incohérentes, car si on peut déduire le vrai du faux, l'inverse n'est pas possible. En effet toute proposition est soumise à l'alternative du vrai et du faux, ou en toute rigueur à une probabilité qui doit être précisée, mais le probable n'est pas un intermédiaire entre le vrai et faux.

---

[37] Gaston Bachelard, *le nouvel esprit scientifique,* PUF, 1968, p. 18 à 24.

Un raisonnement est donc un enchainement de propositions permettant une conclusion. Pour défendre ou contredire une thèse, on peut faire appel à différents raisonnements. Le type de raisonnement utilisé dans un texte permet de mieux comprendre la stratégie argumentative du locuteur. L'exposé de l'hypothèse au moyen de l'observation permet la démonstration ou la réfutation de l'hypothèse et la présentation de la thèse ou d'une partie de théorie.

Méthodes et types de raisonnement

On peut distinguer les méthodes de raisonnements suivantes :

- La méthode expérimentale qui comprend la méthode hypothético déductive (cf. La méthode a posteriori.

- La méthode empirique analytique (basée sur la logique empirique en distinguant les éléments d'un phénomène et en renvoyant chacun d'eux individuellement, (cf. La logique empirique).

- Le raisonnement critique qui consiste à contester une opinion adverse (cf. Méthodes pour développer l'esprit critique).

- Le raisonnement dialectique qui consiste à peser les arguments favorables ou défavorables à une thèse. Il considère les phénomènes historiques et sociaux en mouvement continu (cf. La logique dialectique).

- La méthode de l'observation scientifique et de la mesure physique (cf. La logique de la mesure).

- La méthode herméneutique qui étudie la cohérence interne des textes (cf. L'universalité de la logique).

- Le raisonnement concessif qui consiste à admettre en partie des arguments de la thèse adverse et à leur opposer d'autres arguments (cf. Méthodes pour développer l'esprit critique).

- La méthode phénoménologique de la connaissance accumulative (cf. Épistémologie et développement de la pensée scientifique).

- La méthode historique qui associe à la connaissance des différentes étapes des objets dans leur succession chronologique (cf. Épistémologie et développement de la pensée scientifique).

Parmi les divers types de raisonnement, nous retiendrons :

- La tautologie qui consiste à déduire d'une proposition une conclusion qui lui est logiquement équivalente.

- Le *modus ponens* et le *modus tollens*.

- Le syllogisme.
- Le raisonnement inductif qui part d'observations particulières pour aboutir à une conclusion de portée générale.
- Le raisonnement déductif qui part d'une idée générale pour en déduire des propositions particulières.
- Le raisonnement par analogie qui procède par comparaisons avant d'aboutir à une conclusion.
- Le raisonnement par l'absurde qui montre les conséquences absurdes d'une idée ou une proposition pour la réfuter.

La tautologie

Une tautologie n'apporte rien de nouveau du point de vue de la connaissance, c'est un vice d'élocution par lequel on redit toujours la même chose. Le sophiste trompait par des affirmations fausses ou par des paradoxes ou par des fautes de syntaxe, ou par tautologie. Par exemple, une lapalissade est une tautologie : un quart d'heure avant sa mort, Lapalisse vivait encore.

Le modus ponens

C'est la forme de déduction logique la plus élémentaire : si… alors. *Modus ponens* est le premier trope38 nommé par les scolastiques. En latin *ponere* signifie poser, affirmer par ce qu'il porte sur des propositions affirmatives (voir son usage en logique formelle). Selon le *modus ponens*, la vérité d'une proposition entraine la vérité de sa conséquence. Par exemple, on sait que quand il fait jour, il fait clair. *Modus ponens* : il fait jour donc il fait clair.

Le modus tollens

C'est une forme de déduction utilisant une contraposition logique : pour établir que A entraîne B, on établit que non B entraîne non A. Exemple : quand il pleut alors le sol est mouillé. Le sol n'est pas mouillé, donc il ne pleut pas. *Modus tollens*, est le deuxième trope nommé par les scolastiques. En latin *tollens* signifie nier, parce qu'il porte sur des propositions négatives.

---

[38] Trope du grec *tropos*, manière. Emploi d'un mot dans un sens figuré, par exemple parler de *pieds* au lieu de *chaussures* dans la phrase *essuyez vos pieds*.

Il s'agit de remonter de la négation du conséquent à la négation de son antécédent : quand il fait jour, il fait clair, *modus tollens* : il ne fait pas clair donc il ne fait pas jour. La fausseté de la conséquence entraîne celle de la prémisse et par principe de non contradiction, cela permet de la réfuter, car du vrai ne peut s'en suivre le faux.

Raisonnement par syllogisme

Ce raisonnement a pour origine les sophismes créés par les penseurs présocratiques. Un syllogisme peut se résumer de la manière suivante : on a une loi générale (proposition majeure, première prémisse) : « si l'énoncé A est vrai pour toute une catégorie, alors l'énoncé B l'est aussi » ; on a un cas particulier (proposition mineure, deuxième prémisse) : « l'énoncé C est de type A », ou encore « A est vérifié lorsque C'est vrai » ; on en déduit (conclusion) que « B est donc vrai dans le cas de C ». C'est un raisonnement déductif qui tire une ou plusieurs conclusions particulières d'un énoncé général, comme dans l'exemple suivant :

- Proposition majeure : tout être humain est mortel.
- Première proposition mineure : Jeanne d'Arc est une femme.
- Deuxième proposition mineure : toute femme est un être humain.
- Conclusion : Jeanne d'Arc est mortelle.

Il faut faire attention à certains raisonnements faux ayant l'apparence d'un syllogisme mais pouvant conduire à des conclusions abusives, comme dans l'exemple suivant : Un cheval bon marché est rare. Ce qui est rare est cher. Un cheval bon marché est cher.

Raisonnement faux par paralogisme

Un paralogisme est un raisonnement faux qui apparaît comme rigoureux où le locuteur est de bonne foi. On peut former les paralogismes suivants :

Affirmation du conséquent :

Tous les hommes sont mortels. Un âne est mortel. On ne peut dire qu'un âne est un homme. La deuxième prémisse est vraie, mais on ne peut pas en tirer la conclusion car il n'y a pas de relation entre âne et homme.

Négation de l'antécédent :

Tous les hommes sont mortels. Un âne n'est pas un homme. On ne peut dire qu'un âne n'est pas mortel. Ici encore, la deuxième prémisse est vraie, mais on ne peut pas en tirer la conclusion. On ne peut tirer de conclusion que de la négation du conséquent : un être immortel n'est pas un homme.

Raisonnement inductif

Dans ce type de raisonnement, les conclusions sont plus générales que les prémisses, c'est un raisonnement vers la construction de connaissances. On appelle induction toute forme d'inférence pour laquelle on passe d'un ensemble fini d'observations particulières à une conclusion générale. Mais il faut se méfier du raisonnement par « induction » (c'est-à-dire par généralisation à partir de cas particuliers), raisonnement pouvant conduire à des généralisations outrancières.

Dans le raisonnement inductif, on part d'un ou plusieurs cas particuliers pour en tirer une loi générale. Par exemple : les pinsons sont gais. Cette affirmation est vraie pour des pinsons observés dans des circonstances particulières, on en infère que c'est vrai pour tous les pinsons.

C'est dans son traité sur le triangle arithmétique (1654) que Pascal énonce pour la première fois le principe du raisonnement par induction. Dans le raisonnement inductif, la découverte d'une propriété générale se fait à partir des cas qui la vérifient plutôt qu'à partir des cas qui infirment la propriété contraire.

Par exemple, le raisonnement par récurrence est un raisonnement inductif, basé sur le principe suivant : si d'une propriété énoncée pour un entier n, on en déduit cette même propriété pour l'entier $n + 1$, si cette propriété est vraie pour un entier n_0, alors elle est vraie pour tout entier supérieur à n_0.

Voici un exemple de raisonnement par récurrence qui montre que pour tout entier n plus grand que 2, $n^3 - n$ est divisible par 3.

Supposons que ceci soit vrai pour un n particulier, alors c'est encore vrai pour l'entier $n + 1$. En effet, $(n + 1)^3 - (n + 1) = n^3 - n + 3(n^2 + n)$ est divisible par 3, car par hypothèse, c'est la somme de deux nombres divisibles par 3. Comme $2^3 - 2 = 6$ est divisible par 3, par récurrence, la propriété est vraie pour tout entier supérieur à 2[39].

---

[39] C'est un cas particulier du *petit théorème de Fermat* : pour tout nombre premier p, $n^p - n$ est divisible par p.

Cette forme de raisonnement inductif apparaît en logique mathématique, avancé par Poincaré (1902) et les intuitionnistes, par opposition au raisonnement déductif des syllogismes chers à Aristote. Un énoncé mathématique dénué de preuve, basé sur sa véracité dans un certain nombre de cas particuliers, peut être qualifié d'inductif. On parle plutôt aujourd'hui de conjecture. Par exemple, la conjecture de Goldbach (Tout nombre entier pair supérieur à 3 peut s'écrire comme la somme de deux nombres premiers), non démentie par tout essai numérique inférieur à 4.10^{18}, attend encore une démonstration.

Dire : l'eau bout à 100 °C, c'est vrai sous une pression atmosphérique de 1013 hpa correspondant au niveau de la mer, mais faux pour le sommet du mont blanc à 4807 m d'altitude où l'eau bout à 83°C pour une pression atmosphérique de 560 hpa.

Pour Claude Bernard,

> « *On définit l'induction en disant que c'est un procédé de l'esprit qui va du particulier au général, tandis que la déduction serait le procédé inverse qui irait du général au particulier. Je n'ai certainement pas la prétention d'entrer dans une discussion philosophique qui serait ici hors de sa place et de ma compétence ; seulement en qualité d'expérimentateur, je me bornerai à dire que dans la pratique il me paraît bien difficile de justifier cette distinction et de séparer nettement l'induction de la déduction* »[40].

Raisonnement déductif

Dans un raisonnement déductif, on part d'une idée générale pour aboutir à une conséquence particulière, de la cause, on en déduit un effet. Les conclusions sont plus spécifiques que les prémisses. C'est un raisonnement orienté vers l'application de connaissances existantes à des contenus particuliers. Un raisonnement par contraposition est une forme de raisonnement déductif fondé sur l'équivalence logique entre les deux propositions, A impliqué B et non B implique non A, on retrouve ce raisonnement en logique formelle mathématique

---

[40] Claude Bernard, *Médecine expérimentale,* réédition Flammarion le Monde, 2013, p 67.

Raisonnement abductif

Selon Peirce[41], le raisonnement abductif est le processus permettant d'expliquer un phénomène ou une observation à partir de certains faits, événements ou lois. Le raisonnement abductif est un raisonnement par lequel on restreint dès le départ le nombre d'hypothèses susceptibles d'expliquer une affirmation. Par exemple, l'interprétation d'une phrase exprimée dans un langage particulier est une explication de ce que la phrase veut dire.

Une des applications les plus courantes est l'interprétation d'un diagnostic par un médecin, ceci permettant d'expliquer les symptômes et signes d'une maladie. C'est-à-dire qu'en partant de plusieurs éléments associés on peut en tirer une synthèse. Pour Peirce[42], l'abduction suggère et l'induction doit en tirer des lois de plus en plus précises.

Raisonnement par l'absurde ou apagogique

Le raisonnement par l'absurde (apagogie) consiste à déduire logiquement de la négation d'une proposition une absurdité, c'est-à-dire une proposition contraire à ce qui est déjà admis comme vrai, et à en conclure à la validité de cette proposition. Pour étayer une idée, on suppose l'idée contraire afin de montrer qu'elle débouche sur une conclusion fausse ou contradictoire (absurde). Un cas particulier de ce type de raisonnement est le raisonnement par contraposition : la négation de la conclusion impliquant la négation de la prémisse qui, considérée comme vraie, serait alors contradictoire.

Exemple de raisonnement par l'absurde (*Euclide, Les Éléments,* Livre VII, proposition XXXIII) : *Tout nombre entier admet un diviseur premier.* Supposons (hypothèse absurde) que n soit le plus petit entier qui n'a pas de diviseur premier. Alors, n n'est pas premier, c'est un nombre composé qui a un diviseur $d < n$. Si d avait un diviseur premier, celui-ci diviserait n, ce qui est exclu par hypothèse. Donc d est un entier qui n'a pas de diviseur premier et il est plus petit que n, ce qui est contraire à l'hypothèse, qui est donc à rejeter en vertu du principe de non contradiction.

---

[41] Charles-Sanders Peirce, *le raisonnement et la logique des choses,* traduction française, éditions du Cerf, 1985.

[42] Charles-Sanders Peirce (1839 -1914), Sémiologue américain.

Par exemple, Spinoza démontre par l'absurde que la génération spontanée du vivant est à exclure : « la production d'une substance est chose absolument impossible »[43]. En effet, si une substance vivante pouvait être produite, la connaissance de cette substance devrait dépendre de la connaissance de sa cause (sachant que la connaissance de l'effet suppose celle de la cause) et ainsi elle ne serait plus une substance, puisqu'une substance est principalement ce qui est en soi et est conçu par soi. Comme on le voit, Spinoza mettait en doute la doctrine de la génération spontanée et du vitalisme.

En philosophie, la méthode apagogique ou réduction à l'absurde a une place importante dans le domaine de la réfutation des idées adverses. L'apagogie consiste alors à faire ressortir que la proposition à réfuter conduit à des conséquences absurdes car impossibles (contradictoires avec elles-mêmes ou avec d'autres principes admis comme vrais). L'apagogie n'affirme pas nécessairement que l'inverse est vrai. Ainsi on réfutera « tout ce qui est rare est cher » en indiquant par exemple qu'un diamant bon marché est rare, ce qui impliquerait qu'un diamant bon marché soit cher ce qui est absurde. La proposition « tout ce qui est rare est cher » est donc nécessairement fausse. On pourrait opposer à cette « démonstration » qu'il n'existe pas de diamant bon marché, un autre contre-exemple reste alors à donner.

Raisonnement par analogie

Un raisonnement par analogie consiste à établir une relation entre un objet A et un objet B et par analogie déduire une relation analogue entre un objet C et un objet D. Le raisonnement analogique consiste en la mise en correspondance d'une situation antérieure et d'une situation nouvelle qui lui ressemble, afin de déduire la nature ou des propriétés de cette situation nouvelle. Un raisonnement par analogie est aussi dépendant d'une intuition intellectuelle dans le choix des prémisses. On le décompose généralement en quatre étapes principales auxquelles les psychologues ont ajouté l'apprentissage par analogie, l'un des mécanismes de la catégorisation, organisateur de la pensée, longtemps considéré comme un excellent témoin du développement de l'intelligence.

---

[43] Spinoza *Étique 1*, proposition VI, corolaire.

La particularité du raisonnement analogique, vis-à-vis de la classe générale du raisonnement inductif, tient au fait que l'on cherche, non plus à tirer une règle globale à partir d'informations spécifiques, mais plutôt à examiner des points communs, des différences, et des relations entre plusieurs objets de pensée.

Par exemple, c'est par un raisonnement analogique que Mendeleïev a établi son tableau périodique des éléments en considérant que si le lithium et le sodium avaient des propriétés chimiques voisines du potassium et du strontium, il fallait les classer dans un même groupe.

Tout raisonnement par analogie a une légitimité dans des limites bien définies. Par exemple, extrapoler le tableau périodique à des pseudo-éléments de numéro atomique supérieurs à 120 n'a aucun sens. Il faut remarquer qu'en psychanalyse les raisonnements par analogie ne sont pas convaincants, car les analogies sont trop partielles.

Certains raisonnements font des abus de l'analogie. Stendhal était troublé par l'existence des nombres négatifs et ne comprenait pas que le produit de deux nombres négatifs puisse donner un nombre positif, à cause de l'analogie souvent faite des gains et des pertes dans une comptabilité. Dans Vie d'Henry Brulard[44], il écrit :

> *« Supposons que les quantités négatives sont les dettes d'un homme, comment en multipliant 10 000 francs de dettes par 500 francs, cet homme aura-t-il une fortune de cinq millions ? »*

Raisonnement par intuition

Descartes dans ses Règles pour la direction de l'esprit affirme que la connaissance a deux sources : l'intuition (qui se caractérise par son évidence) et la déduction (qui se caractérise par sa nécessité. Descartes confère néanmoins une priorité à l'intuition en raison même de sa plus grande évidence aux yeux du sujet connaissant.

Il peut être nécessaire ici de donner un exemple d'intuition intellectuelle : le cogito de Descartes est une telle intuition dans la mesure où le « passage » du « je pense » au « je suis » ne résulte pas d'une déduction logique, mais se présente comme une évidence immédiate.

---

[44] Stendhal, *Vie d'Henry Brulard,* Gallimard 1973, folio n°447.

L'intuition est le résultat de la réception spontanée d'une information créée par notre subconscient, et emmagasinée dans notre cerveau. La connaissance intuitive est immédiate, elle est une vision (le mot « intuition » vient du latin *intueor* qui signifie « voir »), par laquelle l'esprit se rend présent directement par rapport à un objet. L'intuition est une connaissance directe et immédiate qui se présente à la pensée avec la clarté d'une évidence, qui servira de principe et de fondement au raisonnement discursif.

On distingue généralement l'intuition sensible de l'intuition intellectuelle. La première désigne la saisie de ce qui est donné (immédiatement) dans la sensation. La seconde désigne la connaissance (immédiate) de certaines vérités de la raison. Par exemple, un médium par une intuition spontanée prétend recevoir par un phénomène d'auto persuasion certaines informations sur son consultant, c'est ce qu'il appelle le flash. Pour Kant, l'intuition sensible est réceptive, passive, elle reçoit son objet, tandis que l'intuition intellectuelle (propre à Dieu) est créatrice de son objet.

Une autre caractéristique de l'intuition est qu'elle présente les choses dans leur singularité, et dans leur réalité individuelle, tandis que la connaissance discursive est une connaissance du général. Pour Henri Bergson,

> « *la connaissance discursive nous fait seulement connaître les choses du dehors tandis que l'intuition nous les révèle en elles-mêmes, nous transporte en elle, nous fait coïncider avec elles, l'intuition est une sympathie intellectuelle* ».

Raisonnement par intuition et déduction : le rasoir d'Ockham

Un des principes les plus intuitifs de la démarche scientifique est connu sous le nom de « rasoir d'Ockham » ou « principe d'économie ». Guillaume d'Ockham (vers 1280–1348), philosophe et théologien excommunié pour sa doctrine sur le fait que les fondements de la science devaient être tirés de l'expérience, et que l'explication la plus simple devait toujours être préférée pour expliquer le monde et ses mécanismes. Or les mécanismes les plus simples ne sont pas forcément les plus logiques, comme par exemple dire que la Terre ne peut être sphérique car les habitants de l'hémisphère sud marcheraient la tête en bas.

Pour Guillaume d'Ockham, « *il ne faut pas multiplier les explications et les causes sans qu'on en ait une stricte nécessité.* (*Entia non sunt multiplicanda praeter necessitatem*) ».

En fait, le rasoir d'Ockham est un critère de vérité souvent partielle avec une réfutation du principe épicurien de l'explicitation multiple. L'idée du rasoir n'est pas de supprimer purement et simplement des principes pour en diminuer le nombre, mais de densifier ceux qui restent afin que les autres soient rabaissés par eux. Le rasoir d'Ockham n'est pas un outil très incisif, car il ne donne pas de principe opératoire clair pour distinguer entre les hypothèses en fonction de leur complexité. Dans le raisonnement d'Ockham, « les prémisses doivent être la cause de la conclusion, c'est-à-dire la connaissance des prémisses doit être la connaissance de la conclusion ».

Par ailleurs, si le rasoir d'Ockham est une méthode efficace pour obtenir une bonne théorie prédictive, il ne garantit aucunement la justesse d'un modèle explicatif. Notamment le rasoir d'Ockham peut souvent inviter à négliger la différence entre causalité et corrélation. Cette nuance entre théorie prédictive et théorie explicative est souvent illustrée par ce dialogue célèbre entre Laplace et Bonaparte que nous avons relaté : l'existence de Dieu n'est pas une hypothèse utile pour la connaissance scientifique. Selon le rasoir d'Ockham, un phénomène ne peut avoir qu'une explication et non plusieurs, or ceci n'est pas toujours vrai car un phénomène peut dépendre de plusieurs variables.

Selon Bachelard,

> « *Quant à Ockham rien moins qu'expérimentateur, il incitait néanmoins les philosophes de la nature à s'efforcer de la connaitre par l'expérimentation car il critiquait violemment les conceptions traditionnelles de la causalité – non seulement celles des causes finales qui selon lui n'étaient que métaphysique* ».[45]

Ce principe ou ce critère est souvent utilisé pour trancher entre toutes les théories utilisées pour expliquer le monde et l'homme suivant un principe logique mais aussi[46], repris par exemple par Williard Van Orman Quine au XXe siècle en linguistique.

---

[45] Gaston Bachelard, *La formation de l'esprit scientifique*, Vrin, 1938.

[46] Ontologie : philosophie qui se rapporte à l'être.

De ce fait on peut considérer que tout phénomène nouveau et inconnu peut être ramené à une succession d'explications simples et nouvelles.

Selon l'astrophysicien Jean-Claude Pecker,

« *D'après le principe du rasoir d'Ockham, il faut éliminer ce qui n'est pas strictement nécessaire à la compréhension d'un raisonnement. Ce principe donne une vision très simple qui se justifie dans de nombreux cas. Mais ce principe a l'inconvénient de brider l'imagination et on ne peut l'appliquer à des systèmes complexes comme celui du système solaire où beaucoup de paramètres interviennent. C'est un garde-fou pour éviter toutes les dérives et certains délires* ».

Chapitre IV
Philosophie des sciences

Le déterminisme

Les principes du déterminisme

Depuis les Grecs on considère qu'il n'y a pas d'effet sans une ou plusieurs causes, et il y a une corrélation entre l'effet précédant la cause et celle-ci. Par exemple l'effet d'un coup de marteau sur une vitre crée la cause de l'éclatement de celle-ci.

La démarche scientifique part d'un certain nombre de principes déterministes issus de l'expérience. Du latin, déterminerai, le sens propre de déterminisme est celui de « marquer les limites dans un raisonnement, et de les borner ». La notion de déterminisme est due à Spinoza. On définit le déterminisme par la prévisibilité rigoureuse des phénomènes que l'on puisse accepter, parce qu'elle est la seule qui soit réellement vérifiable.

Les anciens avaient une idée des lois de la nature qui reposait sur une volonté divine. La causalité a sans doute son origine dans une question d'organisation sociale fondée sur la responsabilité. Chez les Grecs on peut parler de fatalisme, de providence, d'existence d'une cause nécessaire à la production d'un effet, toutefois l'avenir n'est pas connaissable, sauf par les oracles ou les devins. Aristote lui-même insiste sur le caractère imprédictible du futur. Le déterminisme n'est jamais énoncé en tant que tel. Les premières formulations explicites datent du XVIIe siècle avec Galilée, Descartes, Gassendi et Spinoza.

Dans une définition moderne de Monseigneur Léon Noel (1873-1953),

> « *Le déterminisme est la doctrine qui tient que certaines choses ou que toutes choses sont déterminées, c'est-à-dire que certains facteurs internes ou externes en fixent d'avance, de façon précise et exacte, les manières d'être et d'agir. Une chose déterminée ne saurait être que ce qu'elle est ; dès que les éléments qui la compose sont posés, plus rien de ce qu'elle sera n'est laissé au hasard, au caprice, à la liberté ; tout est fixé, arrêté, réduit à des termes entre lesquels il n'y a pas de place pour aucune oscillation, pour aucun*

choix, pour aucune incertitude. Elle est donc soumise à une inéluctable nécessité »[47].

Son sens scientifique le laisse envisager comme l'ensemble des conditions nécessaires pour qu'un phénomène donné se produise. Le déterminisme s'entend comme une doctrine, une conception, selon lesquelles certaines conditions étant données et connues, les faits qui s'ensuivront devraient être prévisibles avec des moyens adaptés. La question du déterminisme est une question majeure de l'épistémologie (philosophie des sciences), mais aussi de la métaphysique classique, que nous étudierons plus en détail.

La pensée déterministe a évolué et s'est affinée du XVIIe au XXe siècle. Nous en ferons une présentation en deux parties : le déterminisme scientifique, invoqué par les mathématiciens, physiciens et biologistes et le déterminisme en philosophie des sciences, de Spinoza à Bachelard et Koyré.

Déterminisme scientifique et déterminisme empirique

Pour Paul Valéry,

« Le déterminisme est la seule manière de se représenter le monde. Et l'indéterminisme, la seule manière d'y exister ».

Pour Karl Popper ; le déterminisme scientifique est la doctrine selon laquelle la structure du monde est telle que tout événement peut être rationnellement prédit, au degré de précision voulu, à condition qu'une description suffisamment précise des événements passés, ainsi que toutes les lois de la nature, nous soit donnée.[48] Il en ressort que l'affirmation que tout ce qui est physique est rationnel, c'est-à-dire mathématique. Inversement, si une vérité mathématique s'impose dans la résolution d'un problème, il devient légitime d'en chercher la contrepartie dans la nature.

On sait ce qu'est la déduction mathématique, elle est indispensable à tout raisonnement, il lui faut donc avoir une correspondance physique. La déduction n'est en général pas vue comme une proposition particulière, mais plutôt comme une liaison nécessaire entre deux

---

[47] Monseigneur Léon Noel, *revue néo-scolastique*, (revue belge), volume 12 n°45, p. 5-26, 1905.

[48] Karl Popper, *l'univers absolu,* Hermann, 1986.

propositions (comme chez Descartes). Le déterminisme va jouer un rôle identique, c'est-à-dire qu'il n'est pas un fait, mais l'exhibition de la relation nécessaire qui existe entre deux phénomènes. Comme le dit Hans Reichenbach (1891-1953) :

> *« L'application de la méthode mathématique a trouvé son expression la plus frappante dans la conception de la causalité qui résultait de la physique »*[49].

Ce réalisme empirique est aussi une position fréquente que la science a adoptée, en particulier dans la conception de l'école de Copenhague fondée par Niels Bohr pour la physique, en effet il n'y a pas besoin de savoir si la causalité existe au sein de la réalité elle-même, car il suffit de travailler sur des modèles et de vérifier dans quelle mesure ils sont déterministes. La science décrit le réel en s'en tenant aux seuls faits observables, elle ne prétend pas l'expliquer.

Selon Pierre Lecomte de Noüy,

> *« Le rationalisme ne doit pas être une philosophie ; c'est une méthode de travail. Il emprunte à la science son prestige et n'existe pas sans elle »*[50].

Voyons la progression du raisonnement rationaliste à partir de Descartes jusqu'aux philosophes du vingtième siècle.

René Descartes (1596-1650)

Le premier concept du déterminisme est celui du raisonnement cartésien, dit analytique, dû à Descartes. L'esprit cartésien fait appel à une forme déductive de raisonnement sans tenir compte, ou peu, de l'intuition et de l'induction. L'homme peut accéder à la connaissance universelle par la raison en s'opposant à l'empirisme. Avant Descartes, Aristote écrivait :

> *« Quand nous croyons que nous connaissons la cause par laquelle la chose est, que nous savons que cette cause est celle de la chose, et qu'en outre il n'est pas possible que la chose soit autre qu'elle n'est »*[51].

---

[49] Hans Reichenbach, *la connaissance objective,* PUF, 1978.

[50] Pierre Lecomte de Noüy, *L'Homme et sa destinée,* Flammarion, 1939.

[51] Aristote, *Seconds analytiques* 2-7, 1B9-11.

En publiant le Discours de la méthode en 1637, Descartes a décrit le raisonnement analytique en quatre principes :

- « Le premier est de ne recevoir jamais autre chose pour vrai que je ne la connaisse évidement être telle.

- Le second de diviser chacune des difficultés que j'examinerais en autant de parcelles que se pourrait et qu'il serait requis pour mieux les résoudre.

- Le troisième de conduire mes pensées, en commençant par les objets les plus simples et les plus aisées à connaître pour monter peu à peu comme par degrés jusques à la connaissance des plus composés et supposant même de l'ordre entre eux qui ne précédent point naturellement les uns les autres.

- Le quatrième de faire partout des dénombrements si entiers et des revues si générales que je ne fusse assuré de ne rien omettre ».

Avec ces quatre principes importants il faut tenir compte de la douzième règle qui précise :

« Il n'y a pas d'autres voies qui s'offrent aux hommes, pour arriver à une connaissance certaine de la vérité, que l'intuition évidente et la déduction nécessaire ».

L'homme s'exprime par son « *cogito ergo sum* » en admettant une raison scientifique purement déductive que l'on peut considérer comme les bases du rationalisme. Dans l'esprit de Descartes le *cogito* représente un principe premier destiné à remplacer la cause imaginée par Aristote et la scolastique : pour atteindre la vérité, il faut une fois dans sa vie, se défaire de toutes les opinions qu'on a pour arriver à une connaissance.

Galileo Galilei (1564-1642)

Classiquement on fait remonter à Galilée (en l'opposant souvent à Descartes) l'invention de la méthode expérimentale. En effet Galilée a voulu donner du monde une description quantitative avec le recours à l'expérience. Les résultats de Galilée ont la plupart du temps été obtenus par des expériences réelles, mais ramenées à des processus se produisant dans des conditions idéales (par exemple la description du mouvement rectiligne uniforme etc.). Ce qui ressort évidemment de ses travaux est l'affirmation que tout ce qui est physique a son interprétation mathématique.

Pour Galilée, le déterminisme n'est pas un fait, mais l'exhibition de la relation nécessaire qui existe entre deux phénomènes. De la même manière que Dieu est le garant de la raison chez Descartes, la permanence des lois de la nature est le résultat de la toute puissance divine.

Ce raisonnement sera repris par Boyle[52] qui écrira par exemple :

"God established those rules of motion, and that order among things corporeal, which we call the laws of nature. Thus, the universe being once framed by God, and the laws of motion settled, the philosophy teaches that the phenomena of the world are physically produced by the mechanical properties of the parts of matter"[53].

Ces lois de la nature ont donc un statut transcendantal et la loi particulière d'après laquelle les mêmes causes produisent les mêmes effets peut être déduite de l'existence d'un principe divin transcendantal, ou immanent dira Spinoza.

Loin d'être un empiriste, Galilée ne se contente pas de vouloir décrire comment les choses se passent, il cherche aussi à révéler la nature des choses. Seulement, la nature des choses est à chercher dans les relations et non dans une essence physique. Par exemple, c'est à partir de la nature des lois du mouvement (vues d'un point de vue mathématique) qu'on pourra comprendre comment se meut tel mobile particulier. Il y a donc avec Galilée une différence fondamentale de l'approche causale aristotélicienne. Il considère que si la cause de B est A, notre premier objet d'étude doit rester B lui-même, étant donné que c'est à partir de B qu'on infère l'existence de A. On est loin d'Aristote qui affirme que connaître c'est connaître par les causes.

Pour Galilée,

« Décrire les phénomènes revient à décrire une relation causale. Cette relation n'est pas le résultat d'une induction mais celui d'un principe abstrait. Si donc une loi est juste, c'est d'une part parce

---

[52] R. Booyle (1627 - 1691), physicien et philosophe anglais, co-auteur de la loi des gaz parfaits : PV = Constante.

[53] R. Boyle, *The Excellence and Grounds of the Mechanical Philosophy*, in *Philosophical Works*, version abrégée par Peter Shaw (London, 1725), vol. I, p. 187-199.

qu'elle est vérifiée par une expérience réelle ou théorique et d'autre part parce qu'elle découle de la nature abstraite de la classe de phénomènes étudiés. La méthode galiléenne repose certes en partie sur l'induction mais repose surtout sur le déterminisme »[54].

Pierre Gassendi (1592-1655)

Pour Gassendi, célèbre astronome copernicien, galiléen et philosophe libertin, le doute cartésien est un doute sceptique et non une simple prétérition55 du discours. Gassendi se considérait comme un disciple d'Épicure et Démocrite, et a critiqué Descartes en lui demandant par quel moyen une âme immatérielle pouvait mouvoir un corps matériel.

Nicolas Malebranche (1638-1715)

Contrairement à Descartes, Malebranche se définit comme un philosophe chrétien de la recherche de la vérité dans son ouvrage la vérité ou l'art de la nature, de l'esprit de l'homme et de l'usage qu'il doit en faire pour brûler l'erreur dans les sciences[56]. Il a critiqué dans son ouvrage éponyme les philosophes qui manquant de rigueur et de méthode sombrent dans la confusion. Il loue Descartes et Gassendi.

Pour Malebranche ces géomètres se servent de l'algèbre, de l'analyse et de la géométrie pour justifier que la limitation de l'esprit, qui est borné et incapable de ce qui vient de l'infini, est à l'origine des erreurs de l'entendement.

Mais en chrétien, il conclut : *« il faut soumettre l'esprit fini à la foi afin d'éviter de tomber dans l'hérésie. »*.

Malebranche retient l'idée d'une raison universelle où *« Tous les hommes en effet s'accordent sur les vérités scientifiques et morales, la raison est aussi immuable »*.

---

[54] Alexandre Koyré, *études galiléennes,* Hermann 1939.

[55] Procédé de style par lequel on déclare passer sous silence une chose dont on parle néanmoins par ce moyen.

[56] Nicolas Malebranche, *La vérité ou l'art de la nature, de l'esprit de l'homme et de l'usage qu'il doit en faire pour brûler l'erreur dans les sciences*, 1674, réédition 1712, éditeur Michel David, Paris.

Jacques Bernoulli (1654-1705)

Dans *Ars Conjectandi*[57], Bernoulli a donné cette formulation :

> *« Tout ce qui bénéficie sous le soleil de l'être ou du devenir, passé, présent ou futur, possède toujours en soi et objectivement une certitude totale. (...) Car si n'arrivait pas avec certitude tout ce qui est futur, on ne voit pas comment le Créateur suprême pourrait conserver entière la gloire de son omniscience et de son omnipotence. (...) Quant à dire comment cette certitude de l'avenir peut subsister avec la contingence ou la liberté des causes secondes, que d'autres en disputent ; pour nous, nous ne voulons pas toucher aux points étrangers au but que nous visons. (...) »*

Emmanuel Kant (1724-1804) et la raison déterministe

Pour Kant, le passage de la philosophie de la connaissance à la philosophie pratique a pour conséquence de modifier l'approche des Idées de la Raison : elles ne constituent plus désormais des objets de connaissance (échec de la métaphysique traditionnelle), mais des guides pour l'action.

En morale, la raison se donne à elle-même ses propres règles (autonomie). Être moral, c'est faire son devoir, c'est-à-dire respecter les règles que l'on s'est données. Ces règles sont des impératifs catégoriques c'est-à-dire inconditionnels (« tu dois faire cela » et non « si tu veux obtenir ceci, fais cela »). Pour pouvoir être inconditionnel, un impératif moral doit être universalisable.

Tout se passe *comme si* le monde obéissait non seulement à des causes, mais aussi à des fins. Le monde aurait un sens pour nous, ce qui veut dire que malgré tout, et même malgré nous, qu'est-ce que l'homme ? L'homme est un animal qui a besoin d'un maître.

Pierre-Simon Laplace (1749-1827), le déterminisme absolu

L'idée du déterminisme universel fut esquissée pour la première fois par le baron d'Holbach. Mais c'est au mathématicien Pierre-Simon Laplace, que revient d'avoir affirmé le déterminisme universel dans

---

[57] Jacques Bernoulli, (1713), *Ars Conjectandi*, quatrième partie, chapitre I, traduction du latin par Norbert Meunier, IREM de Rouen, 1987.

toute sa rigueur. Par exemple, le système boulet/obus est déterministe en ce sens universel, une fois donnée la force propulsive de la poudre, l'angle du canon par rapport à l'horizontale, la masse du boulet et la résistance de l'air, on peut calculer avec une très grande précision la forme et la durée de la trajectoire ainsi que, par conséquent, le point d'impact. Cette formule magistrale de Laplace réunit le passé, le présent et le futur[58] :

« *Nous devons envisager l'état présent de l'univers comme l'effet de son état antérieur et comme la cause de l'état qui va suivre* ».

Il ajoutait :

« *Une intelligence, qui pour un instant donné connaitrait toutes les forces dont la nature est animée et la situation respective des êtres qui la composent, et si d'ailleurs elle était assez vaste pour soumettre ses données à l'analyse, embrasserait dans la même formule les plus grands corps de l'univers et ceux du plus léger atome ; rien ne serait incertain pour elle et l'avenir comme le passé serait présent à ses yeux* ».

Laplace étayait ainsi son déterminisme absolu :

« *Les événements actuels ont avec les précédents une liaison fondée sur le principe évident, qu'une chose ne peut pas commencer d'être, sans une cause qui la produise. Cet axiome, connu sous le nom de principe de la raison suffisante, s'étend aux actions mêmes que l'on juge indifférentes.*
La volonté la plus libre ne peut sans un motif déterminant leur donner naissance ; car si, toutes les circonstances de deux positions étant exactement semblables, elle agissait dans l'une et s'abstenait d'agir dans l'autre, son choix serait en effet sans cause : elle serait alors, dit Leibniz, le hasard aveugle des épicuriens. L'opinion contraire est une illusion de l'esprit qui, perdant de vue les raisons fugitives du choix de la volonté dans les choses indifférentes, se persuade qu'elle s'est déterminée d'elle-même et sans motifs ».

---

[58] Pierre-Simon Laplace (1812), *Essai philosophique sur les probabilités,* p. 32, 34, 35, C. Bourgois, Paris, 1986.

Comme le citoyen Laplace présentait au général Bonaparte la première édition de son Exposition du Système du monde, le général lui dit : *« Newton a parlé de Dieu dans son livre. J'ai déjà parcouru le vôtre et je n'y ai pas trouvé ce nom une seule fois »*.

Laplace aurait répondu : *« Citoyen premier Consul, je n'ai pas eu besoin de cette hypothèse »*.

Dans cette réponse, Laplace avait fait l'économie d'une hypothèse qui avait justement le mérite d'expliquer tout, mais Laplace aurait répondu plus tard à l'Empereur[59]:

> « *Cette hypothèse, sire, explique en effet tout, mais ne permet de prédire rien. En tant que savant, je me dois de vous fournir des travaux permettant des prédictions* ».

Claude Bernard (1813-1878)

Claude Bernard oppose aux expérimentations empiriques qualifiées « d'expériences pour voir » les expériences scientifiques faites d'après une idée préconçue, il propose de voir :

> *« Dans toutes les circonstances qui accompagnent la production d'un phénomène, celle qui constitue réellement son déterminisme et qui doit être appelée à sa cause prochaine »*.

Pour Claude Bernard, le mot déterminisme a une signification différente du mot fatalisme. Le fatalisme suppose la manifestation nécessaire d'un phénomène indépendant de ses conditions, tandis que le déterminisme n'est qu'une condition nécessaire d'un phénomène dont la manifestation n'est pas forcée.

Aux yeux de Claude Bernard,

> *« Le déterminisme c'est la relation nécessaire d'un phénomène avec ses antécédents, c'est la base de la loi naturelle. Le mot peut avoir une portée plus étendue, mais toujours il suppose une nécessité soumise à quelque règle rationnelle, accessible à l'intelligence.*
> *Dans l'ordre logique, on dit qu'une conclusion se détermine par ses prémisses, on dit que la solution d'un problème est déterminée par ses données »*[60].

---

[59] Phrase sans doute apocryphe.

De ce fait pour Claude Bernard, les adversaires les plus acharnés du déterminisme s'en prennent aussi à un déterminisme logique.

Karl Popper (1902-1994)

Karl Popper, en 1934, place le principe de falsification au cœur de la démarche scientifique et du déterminisme. Il associe le déterminisme à une vision du monde-horloge qui débouche sur un système fermé, sur une certaine métaphysique et sur une opposition à une société ouverte. La question du déterminisme n'est donc pas pour Popper une simple querelle concernant des spécialistes de la philosophie des sciences rompus aux derniers développements de la mécanique quantique[61] :

> « *Je désigne par déterminisme scientifique, la doctrine selon laquelle la structure du monde est telle que tout évènement peut être rationnellement prédit, au degré de précision voulu, à condition qu'une description suffisamment précise des évènements passés, ainsi que toutes les lois de la nature, nous soient données* ».

> Pour Popper, le déterminisme n'est qu'une croyance métaphysique « *qui semble plus fertile dans ses diverses manifestations que n'importe quelle métaphysique indéterministe* ».

Pour Dominique Lecourt, Popper défend l'idée que les idées métaphysiques sont consubstantielles à la pensée scientifique. Elles guident la formulation des grandes hypothèses destinées à des tests expérimentaux. De plus l'indéterminisme peut difficilement être une théorie de la science, car il n'est pas falsifiable, la falsification supposant la causalité. Le « *déterminisme méthodologique* » en matière scientifique est donc pragmatiquement justifié[62].

---

[60] Claude Bernard, *introduction à la médecine expérimentale*, réédition Flammarion le Monde 2010, page 116.

[61] Karl Popper, *la connaissance objective,* édition française de 1972, PUF Paris, 1991, p 196.

[62] Dominique Lecourt, *Dictionnaire d'histoire et philosophie des sciences*, Puf 2006.

René Thom (1923-2002)

René Thom[63] écrit :

« Dans ce conflit déterminisme - hasard, la science est déterministe - pour raison de principe : la science vise à la constitution d'un savoir à validité permanente, sur lequel le temps n'a plus de prise ».

Il ajoute par ailleurs[64] :

« La science recrée la permanence derrière les apparences du changement ; elle ne peut décrire que l'asymptotique, le réversible, l'immanent. Elle ne tolère l'aléatoire transcendant que strictement musclé par une contrainte d'égale densité sur un espace explicite ».

Pour René Thom, l'indéterminisme contrairement au déterminisme, est l'impossibilité de conclure sur un raisonnement, il est contraire à la pensée scientifique :

« En science, l'aléatoire pur, c'est le processus markovien[65], où toute trace du passé s'abolit dans la genèse du nouveau coup ; à chaque épreuve se réitère le « big bang » créateur. L'aléatoire pur exige un fait sans cause, c'est-à-dire un commencement absolu. Or dans l'histoire de notre représentation du réel, il n'y a d'autre exemple de commencement absolu que celui de la Création. Si l'on veut faire de l'aléatoire, du stochastique, un objet de science, il faut soumettre cet arbitraire créateur à des contraintes, des lois... Usuellement - Einstein dixit - Dieu joue aux dés - avec des dés non pipés... »[66].

---

[63] René Thom, *préface à* l'*Essai philosophique sur les probabilités* de Laplace, ed. Christian Bourgois, 1986.

[64] René Thom, *Prédire n'est pas expliquer*, avec Émile Noël, Flammarion, Paris, 1993, p. 9-11 et 20-21.

[65] Un processus markovien est une suite d'épreuves aléatoires dont les résultats successifs effacent la mémoire des résultats antérieurs.

[66] René Thom, *préface à* l'*Essai philosophique sur les probabilités* de Laplace, ed. Christian Bourgois, 1986.

La vision du déterminisme en philosophie des sciences de Spinoza à Koyré

La philosophie s'est attachée à définir les critères ou causes permettant de valider hypothèses, démarches et conclusions scientifiques. Aristote, Descartes, Francis Bacon, David Hume, Emmanuel Kant, Claude Bernard, mais aussi et surtout, Karl Popper ont travaillé dans ce sens. On distingue Spinoza et Kant qui ne donnent jamais à percevoir des causes, mais uniquement des effets. Bachelard considère que les principaux présupposés procèdent par des causes et des effets.

Pour Koyré :

> *« Le déterminisme peut être défini comme la condition nécessaire d'un phénomène en vertu du principe de causalité : les mêmes causes produisant les mêmes effets, rien n'arrive qui ne soit nécessaire. »*[67].

Baruch Spinoza (1632-1677)

Selon Spinoza[68],

> *« Si l'on pense qu'expliquer, c'est trouver la cause, faut-il trouver la cause de la connaissance pour en offrir une explication convenable ? ».*

Dans son ouvrage, *l'Éthique*, Spinoza précise sa conception du déterminisme suivant ces quatre principes :

1 : tout ce qui est, est en soi ou autre chose.

2 : ce qui n'est pas explicable, à l'aide d'autre chose, doit être évident de soi.

3 : d'une cause déterminée résulte nécessairement un effet et inversement. S'il n'y a aucune cause déterminée aucun effet ne peut en résulter.

4 : quand quelque chose est pensable comme non existant, son fait d'être n'implique pas son fait d'exister.

---

[67] Karl Popper, *la connaissance objective*, édition française de 1972, Paris 1991, p. 516, 517.

[68] Spinoza, *L'Éthique,* traduction et présentation par Henri Lurié, ed. du Rocher, 1974, p. 201-205.

Spinoza a montré que

« Les hommes se trompent quand ils se croient libres ; cette opinion consiste en cela seul qu'ils sont conscients de leurs actions et ignorants des causes par lesquelles ils sont déterminés ».

La notion de cause n'est pas explicitement définie chez Spinoza, comme si elle était par elle-même suffisamment évidente. En d'autres termes, le principe de causalité ne saurait être sérieusement mis en doute et on peut se passer de justification pour poser le déterminisme[69] :

Proposition I : D'une cause déterminée que l'on suppose donnée, suit nécessairement un effet, et au contraire, si nulle cause déterminée n'est donnée, il est impossible qu'un effet suive.

Proposition II : La connaissance de l'effet dépend de la connaissance de la cause et l'enveloppe.

Proposition III : Si des choses n'ont rien de commun entre elles, l'une d'elles ne peut être cause de l'autre, implique l'existence d'un lien (au moins conceptuel permettant le passage de la cause à l'effet »).

Emmanuel Kant (1724-1804)

Pour Kant, le monde en tant que représentation de la réalité phénoménale est déterministe, parce que nos représentations ne sont objectives que dans la mesure où elles obéissent nécessairement à cette règle a priori. Kant critique que la réalité (connaissable) serait en soi « indéterministe », car les modèles de description de la réalité adoptés selon le principe de cause à effet sont les meilleures ou les seules possibles.

Comme Spinoza, Kant ne donne jamais à percevoir des causes, mais uniquement des effets : la cause n'existe jamais que comme une hypothèse, qui est toujours à vérifier, et qui est forgée par notre esprit. Tout se passe *comme si* le monde obéissait non seulement à des causes, mais aussi à des fins. Ainsi, contrairement au scepticisme de David

---

[69] Ibid. Dans *L'Éthique,* Spinoza développe une rhétorique s'inspirant de l'exposé euclidien dans les Éléments, procédant de démonstrations logiques de propositions successives à partir de définitions et de postulats.

Hume[70], Emmanuel Kant pense qu'il est possible d'atteindre la vérité dans les sciences. Kant et Hume, dans leurs écrits, ramènent le principe de causalité à une simple opinion subjective.

En ce sens, la philosophie de Kant est une réflexion sur la condition humaine. Si la connaissance est possible, c'est que les objets se règlent d'une part sur les concepts a priori de notre entendement (ex. : le concept de causalité) et d'autre part sur les formes a priori.

La philosophie critique de Kant se situe entre l'idéalisme qui fonde la connaissance sur la seule raison et l'empirisme qui la fonde sur l'expérience. Kant affirme que si toute connaissance commence avec l'expérience, la connaissance ne dérive pas entièrement de l'expérience, et qu'il n'y a pas non plus de connaissance sans intuition sensible.

Gaston Bachelard (1884-1962)

Selon Bachelard[71], d'après Élie Volf et collaborateurs[72] :

> *« Le déterminisme est une notion qui signe la prise humaine sur la nature... Le déterminisme a pour effet de conclure à un raisonnement ».*

Les principaux présupposés procèdent par des causes et des effets déterministes et peuvent se résumer ainsi :

a) Toute la nature est régie par des lois globalement déterministes. Tel phénomène A provoqué tel autre phénomène B, B provoque C, etc.[73].

b) Il n'existe pas de suspension des lois connues de la nature suite à l'intervention de phénomènes magiques ou de forces supérieures qui ne procéderaient pas de lois déterministes déjà pré-existantes dans l'univers qui nous entoure.

---

[70] David Hume (1711-1776), philosophe anglais, auteur du *Traité sur la nature humaine et de l'entendement humain.*

[71] Gaston Bachelard, *Le nouvel esprit scientifique*, J Vrin, 1968, pages 124 à 138.

[72] Élie Volf, Benjamin Lisan, Antoine Thivel, *faut-il croire à tout ?* Édilivre, 2008, p. 30-40,

[73] On admet toutefois, que le déterminisme des lois physiques de l'univers s'applique au niveau macroscopique, même si ce n'est plus le cas à l'échelle des particules élémentaires.

c) Les phénomènes observés scientifiquement doivent être reproductibles : la science procède, la plupart du temps, par la remise en question des différentes théories ou hypothèses qui ont été établies successivement. En effet, toute nouvelle théorie doit pouvoir être testée par plusieurs personnes, si possible à l'aide de différents appareillages ou méthodes, et surtout en plusieurs lieux et dans le temps. C'est possible, car une loi physique s'applique partout dans l'univers.

d) Si l'on part des mêmes conditions initiales, les lois physiques de l'univers sont structurellement stables dans le temps et l'espace (par exemple, les lois de Newton où d'Einstein, ou encore celles décrivant les trajectoires planétaires, ou encore les lois d'émission des raies spectrales des atomes ou des molécules sont les mêmes ici dans notre galaxie, dans la Voie Lactée, et dans la nébuleuse d'Andromède. Elles étaient aussi valables il y a deux siècles que maintenant.

e) Le monde est essentiellement cohérent. Aucune loi ne peut contredire une autre loi. Elle peut juste limiter ou contrecarrer l'action d'une autre loi. Comme une force magnétique peut empêcher une bille d'acier de tomber, sous l'effet de la gravitation[74].

f) La science admet l'existence d'une réalité ultime et certaine.

g) La démarche scientifique est aussi fondée sur l'observation que le monde observé n'est pas essentiellement trompeur, qu'il y a des données constantes observables dans ce monde, en particulier, qu'il y a des lois physiques stables dans l'univers, dans le temps et l'espace. Le raisonnement expérimental dit a posteriori permet de définir un processus expérimental et d'élaborer une ou plusieurs hypothèses par inférence sur un phénomène.

h) Les lois physiques de l'univers suivent des lois mathématiques : de nombreuses observations ont apporté la conviction que les lois de l'univers suivent essentiellement des lois mathématiques. On ne fait qu'observer ce constat. Toutes les lois peuvent être ramenées à une succession d'un grand nombre de lois « simples »[75].

---

[74] Achille, dans l'Iliade, demande au soleil de se coucher moins vite pour avoir le temps de tuer tous les Troyens.

[75] Ce qui ne veut pas dire que les lois d'Einstein soient simples.

Bachelard a présenté une conception du déterminisme philosophique ainsi[76] :

« Si l'on développait, dans tous les détails, les pensées qui trouvent leur résumé dans le déterminisme philosophique, on reculerait devant d'incroyables affirmations et finalement on n'oserait plus assumer le caractère monstrueux du déterminisme universel...
... Mais si l'on veut prendre des exemples précis, on donne l'impression d'être impoli à l'égard des métaphysiciens ; il faudrait en effet leur demander : croyez vous simplement que la ruade d'un cheval dans la campagne française dérange un papillon dans les Iles de la Sonde, l'on trouverait des philosophes entêtés pour dire oui, en ajoutant que si la cause lointaine ne peut être perçue, elle existe. Ils pensent philosophiquement, bien comme tout le monde, toute autre chose. Ces philosophes sont victimes de l'idée d'espace, ils attribuent à la réalité une existence qui n'est qu'une ontologie particulière de l'idée d'espace, l'espace pensent-ils a une existence illimitée, donc le réel, logé dans l'espace a la même détermination universelle que l'espace infini. Alors commence pour le déterminisme philosophique, pour le déterminisme qui n'a pas besoin d'expérience pour affirmer son absolu, le règne des formules : tout se tient ; tout est dans tout ; rien ne sert de rien ; le vide n'a pas de réalité ; l'être ne peut être limité que par le néant ; l'univers est un tout solidaire ; le déterminisme philosophique est devenu ainsi un commentaire à l'idée de la totalité ».

Alexandre Koyré (1892-1964)

Koyré montre dans ses Études Galiléennes comment les anciens schémas métaphysiques sont remplacés par une conception entièrement nouvelle : ceux-ci semblent pouvoir être ramenés à deux éléments principaux, d'ailleurs étroitement liés entre eux, à savoir la description du Cosmos, et la géométrisation de l'Espace, c'est-à-dire :

a) La destruction du monde conçu comme un tout fini et bien ordonné, dans lequel la structure spatiale incarnait une hiérarchie de valeur et de perfection, monde dans lequel au-dessus de la Terre lourde et opaque, centre de la région sublunaire du changement et de

[76] Gaston Bachelard, *L'épistémologie*, PUF 1992 , pages 148-153.

la corruption, s'élevaient les sphères célestes des astres impondérables, incorruptibles et lumineux, et la substitution à celui-ci d'un univers indéfini, et même infini, ne comportant plus aucune hiérarchie naturelle et uni seulement par l'identité des lois qui le régissent dans toutes ses parties, ainsi que par celle de ses composants ultimes placés, tous, au même niveau ontologique.

b) Le remplacement de la conception aristotélicienne de l'espace, ensemble différencié de lieux intramondains, par celle de l'espace de la géométrie euclidienne - extension homogène et nécessairement infinie désormais considéré comme identique en sa structure, avec l'espace réel de l'univers. Ce qui, à son tour, impliqua le rejet par la pensée scientifique de toutes considérations basées sur les notions de valeur, de perfection, d'harmonie, de sens ou de fin, et finalement, la dévalorisation complète de l'Être, le divorce total entre le monde des valeurs et le monde des faits[77].

Le déterminisme est l'affirmation selon laquelle chaque événement est déterminé par le principe de causalité. La forme générale du principe de causalité est : « si ceci est, alors cela est ». On parle aussi, d'une façon plus générale, de loi pour exprimer une régularité dans les phénomènes.

En tant que principe, le déterminisme peut être défini comme la condition nécessaire d'un phénomène en vertu du principe de causalité : les mêmes causes produisant les mêmes effets, rien n'arrive qui ne soit nécessaire (ce qui n'implique pas que les effets puissent être prédits : déterminisme ne signifie pas prédictibilité effective, il y a des systèmes déterministes non prédictibles - (voir la théorie du chaos) – la complexité ou la sensibilité aux conditions initiales pouvant rendre impossible la prédiction. Nous prenons donc ici déterminisme dans un sens plus général que celui du déterminisme dit scientifique, qui implique la possibilité de la prédictibilité.

La question de savoir si la réalité est déterministe ou non, c'est-à-dire si elle obéit au principe de causalité (et aussi la question de savoir dans quelle mesure une liberté peut exister) ne peut trouver de réponse si on ne part pas, au minimum, d'une théorie de la connaissance, si ce n'est d'une ontologie.

---

[77] A. Koyré, *du Monde clos à l'infini*, traduction française de l'anglais, Gallimard, 1991, p. 197,

Déterminisme métaphysique et réalisme transcendantal

Spinoza énonce dans l'introduction de l'Éthique le principe du déterminisme métaphysique, et le range dans la catégorie des axiomes non démontrables, mais à la suite des définitions de la cause (de soi) et de Dieu. Pour Spinoza à l'idée d'une nature totalement déterminée et d'une liberté humaine est illusoire. Ceci indique[78] une possibilité pour l'homme d'avoir une certaine liberté, mais celle-ci ne peut s'opposer à la nécessité. Il s'agit d'une liberté de l'entendement qui ne débouche pas sur la possibilité de modifier effectivement le cours du monde car :

> *« Les choses n'ont pu être produites par Dieu d'aucune manière autre et dans aucun ordre autre, que de la manière et dans l'ordre où elles ont été produites et la volonté ne peut être appelée cause libre, mais seulement cause nécessaire ».*

Pour Kant, les objets de la métaphysique traditionnelle (l'âme ou le moi, Dieu, le monde, la liberté) ne peuvent pas être connus puisqu'ils sont de pures idées sans intuition sensible. De ce fait, il ne saurait y avoir de preuve de l'existence de Dieu. Les conflits historiques de la métaphysique sont donc des illusions produites par l'usage illégitime d'une raison ignorante de ses propres limites.

Pour Popper, la causalité est un principe métaphysique, elle n'est pas donnée par l'expérience, elle ne vient pas de notre esprit et elle est en conséquence une espèce d'idée platonicienne, par opposition aux essences aristotéliciennes, qui sont contenues dans les choses, sans avoir d'existence séparée.

Objectivisme ou réalisme métaphysique

L'objectivisme repose sur une hypothèse forte, celle du réalisme métaphysique, où la raison et les données des sens nous permettent de connaître le monde tel qu'il est effectivement. Ainsi la loi de causalité est envisagée comme « un axiome de l'existence », et en tant que tel, il est à la base de la connaissance et ne peut être nié sans contradiction.

Mais Galilée fut le premier à étendre sa méthode à la totalité de la physique et à prétendre que c'était là la seule méthode valide.

---

[78] Spinoza, *L'Éthique* livre V, réédition Flammarion le Monde, 2010.

La célèbre formule d'après laquelle le livre de la nature s'écrit en langage mathématique, signifie que l'architecture du monde réel est en réalité l'architecture abstraite d'Euclide et qu'en conséquence il n'y a pas de distinction perceptible entre une vérité mathématique et une vérité réelle. C'est à dire qu'il y a harmonie entre l'esprit humain qui crée les mathématiques et la nature dont les lois sont de type logiques et mathématiques[79].

Cependant, l'objectivisme rejette le déterminisme en ce qui concerne l'être humain : l'homme agit bien selon sa propre nature, mais cela ne signifie pas qu'il n'ait qu'une seule façon d'agir possible à un instant donné. L'objectivisme affirme donc le libre arbitre : la liberté de l'homme se manifeste par la liberté de sa conscience, liberté qui rend l'homme capable d'agir sans y être déterminé par des forces extérieures à sa conscience : les causes (physiques, naturelles ou matérielles) de son action sont seulement des causes "primaires", qui peuvent être modifiées par des causes "secondaires (mentales, culturelles ou spirituelles).

Le réalisme transcendantal

Le terme de « *réalisme transcendantal* » est un terme introduit par Kant pour désigner des théories auxquelles il s'oppose. Il ne désigne pas une théorie unique mais une position métaphysique à laquelle peuvent aboutir divers points de vue très différents. Ces points de vue peuvent être tant idéalistes que réalistes, spiritualistes que matérialistes, et même encore aussi bien religieux qu'athées.

Selon ce réalisme transcendantal, le réel et la pensée ne sont pas forcément complètement extérieurs l'un à l'autre comme le suppose l'idéalisme kantien (idéalisme qui, de plus, réduit le monde à n'être qu'une somme d'objets représentés par une conscience transcendantale et donc ce même idéalisme transcendantal pose, lui, une distance infranchissable entre l'être - en soi ou absolu - et le connaître).[80]

---

[79] Galileo Galilei, *Le grand livre de la nature* chapitre dans *L'Essayeur de Galilée,* traduction de Christiane Chauviré, Les Belles Lettres, coll. Annales littéraires de l'Université de Besançon, 1971.

[80] Emanuel Kant, *Critique de la raison pure,* Gallimard, 1989.

Pour le réalisme transcendantal, la pensée fait elle aussi partie du réel et cela au même titre que la matière (ou encore, au même titre que tout ce que l'on peut juger légitime de distinguer de la pensée).

On peut penser (c'est ce que le réalisme affirme) que nous connaissons les choses telles qu'elles sont, sans qu'elles soient aucunement « déformées » par notre faculté de connaître ou notre subjectivité (le "réalisme naïf" lui, est une thèse que l'"idéalisme philosophique" nie souvent très farouchement et cela au moins depuis Descartes). Le réalisme transcendantal essaie de dépasser le "réalisme naïf" (réalisme selon lequel « les phénomènes perçus existent réellement en-dehors de la conscience humaine tels que nous les percevons ») de différentes façons et notamment souvent au prix d'hypothèses ontologiques.

L'argument qui soutient ce "*réalisme transcendantal*" est d'ordre théologique comme pour Descartes : "*les objets sont tels qu'ils nous apparaissent car Dieu ne saurait vouloir nous tromper*" (Descartes), ou encore "*Dieu connaît de la même façon que nous*" (John Locke).

Ce raisonnement est fataliste car,

> « *si nous pouvons connaître les choses telles qu'elles sont, alors nous devrions être aussi à même de choisir correctement, et cela entraîne donc aussi que nous sommes responsables de nos erreurs* ».

Monisme et dualisme

Au Moyen Âge, la logique, est restée soumise à la pensée de l'être et à la doctrine du *monisme*[81]. Le monisme est un système de pensée qui maintient l'unité de l'objet auquel la pensée s'applique, par opposition au dualisme. Selon Spinoza, le *dualisme* se réfère à une vision de la relation matière-esprit fondée sur l'affirmation que les phénomènes mentaux possèdent des caractéristiques qui sortent du champ de la physique.

---

[81] Monisme : doctrine selon laquelle le monde n'est constitué que par une seule substance qu'on la nomme matière comme les matérialistes ou esprit comme les spiritualistes.

Le monisme

Selon Spinoza, Dieu étant l'*Être total*, il est aussi bien de la pensée que de l'étendue, et la causalité est alors aussi bien la structure même de la pensée que la loi qui régit le comportement observable des corps. De ce fait, la liberté est strictement inséparable de la connaissance, c'est-à-dire de la compréhension de la nécessité dans la multiplicité des aspects que cette nécessité ontologique peut revêtir ; donc, dans le cadre de cette orientation philosophique.

Le libre arbitre n'est qu'une forme de croyance qui dérive d'une ignorance métaphysique, ignorance qui est elle-même pleinement explicable par un déterminisme entièrement immanent à une manière d'être ou à un mode de vie objectivement connaissable. Spinoza a démontré qu'il n'y a pas pour autant d'opposition insurmontable entre le déterminisme et la liberté. En effet, on peut parfaitement être à la fois libre et déterminé et selon cette position philosophique, « *la liberté est, en tous les cas, l'intelligence de la nécessité* ».

Monisme matérialiste

Pour *le stoïcisme* et le matérialisme *rationaliste* - issu d'un certain courant des *Lumières* - même si toutes choses arrivent nécessairement, l'homme est cependant libre dans la mesure où il est rationnel et où sa volonté se conforme à la nature, nature qui est elle-même régie par une rationalité et un déterminisme immanent.

L'épicurisme, lui, affirme le libre-arbitre plus nettement que le stoïcisme, cela en transformant l'atomisme déterministe de Démocrite en une sorte d'indéterminisme absolu : les atomes sont véritablement libres, ils possèdent une force de spontanéité, le hasard est donc bien réellement au cœur des choses, et il n'y a donc pas de prédétermination absolument nécessaire, c'est-à-dire que le hasard est une nécessité[82].

Le dualisme

Ces idées apparaissent pour la première fois dans la philosophie occidentale avec les écrits de Platon et Aristote, qui affirment que *l'intelligence* de l'homme (une faculté de l'esprit ou de l'âme) ne peut

---

[82] Jacques Monod, *Le hasard et la nécessité,* Odile Jacob, 1989.

pas être assimilée ni expliquée par son corps matériel. Cependant, le premier emploi du terme dans cette acception ne date que de la première moitié du XVIIIe siècle et apparaît sous la plume de Christian Wolff (1670-1754).

La version la plus connue du dualisme a été formalisée en 1641 par René Descartes qui a soutenu que l'esprit était une substance immatérielle. Descartes fut le premier à assimiler clairement l'esprit à la conscience, et à le distinguer du cerveau, qui est selon lui le support de l'intelligence.

Ainsi, il a été le premier à formuler le problème corps/esprit de la façon dont il est présenté aujourd'hui. De nos jours, le dualisme est opposé à des formes variées de monismes, parmi lesquelles le *physicalisme* et le *phénomisme*.

Le matérialisme moderne (celui du siècle des *Lumières*) professe, en général, un déterminisme absolu (la liberté n'est pour ce matérialisme-là, que la nécessité reconnue, comme chez Spinoza où il tente (paradoxalement) de concilier avec un certain libre-arbitre, car, en dépit de tout, nous ne pouvons pas nous empêcher de croire que nous sommes libres : ce sentiment paraît bien enraciné dans la structure "*psychologique*" (la conscience de soi) par laquelle nous nous percevons. L'adepte de ce matérialisme-là se comporte donc souvent "*comme si*" le déterminisme n'existait pas.

Chapitre V
Épistémologie et pensée scientifique

Deux épistémologues, G. Bachelard et A. Koyré

La pensée scientifique s'est développée grâce une meilleure connaissance de l'évolution des sciences au cours des siècles. Mais c'est surtout avec Gaston Bachelard et Karl Koyré que les études sur l'épistémologie se sont approfondies au vingtième siècle. Pour ces deux auteurs l'épistémologie est liée à l'histoire des sciences. Koyré et Bachelard ont vu dans la naissance de la physique moderne au XVIIe siècle une « révolution scientifique »caractéristique de la conception discontinuiste de l'histoire des sciences. Voyons brièvement qui étaient ces deux grands hommes.

Gaston Bachelard

Bachelard est né le 27 juin 1884 à Bar sur Aube et est décédé à Paris le 16 octobre 1962. Après des études secondaires et une licence de sciences physiques, il enseignera les sciences physiques au collège de Bar sur Aube. Dès 1920 il s'orienta vers la philosophie et obtiendra en 1922 une agrégation de philosophie. En 1929 il présente sa thèse sur l'histoire des sciences et de la philosophie. En 1930 il est professeur de philosophie en classes préparatoires de lettres au lycée de Dijon. En 1941-1954, il est professeur à la Sorbonne sur la première chaire d'histoire de la philosophie des sciences. Bachelard est un philosophe de l'école républicaine, il attribuait beaucoup d'importance à la dimension pédagogique des notions scientifiques et il estimait que la meilleure manière d'éprouver la solidité des connaissances était de les enseigner.

Gaston Bachelard en 1965

Alexandre Koyré

Koyré est né le 29 aout 1892 à Taganrog en Russie et est décédé le 28 avril 1964 à Paris. De 1908 à 1911, il fait des études de philosophie sous la direction du philosophe Edmond Husserl (1859-1938) à l'université de Göttingen. À la suite d'un désaccord avec Husserl sur sa thèse, il quitte cette ville pour Paris. En 1912-1913, il poursuit ses études à Paris et suit les cours d'Henri Bergson au Collège de France. En 1914, Il est engagé dans la Légion étrangère et en 1916, suivant un accord de coopération entre les gouvernements français et russe, il combat dans un régiment russe sur le front russe. En 1920 il est de retour à Paris et en 1922, il soutient sa thèse et commence à enseigner à l'École Pratique des Hautes Études. En 1941, alors qu'il est en Égypte, il rejoint la France libre puis va enseigner à la New School for Social Research de New York. En 1946, après-guerre, il partage son temps entre l'École pratique des Hautes Études et l'Université Johns-Hopkins à Baltimore aux USA. En 1952, il est nommé à l'Académie internationale d'histoire des sciences.

Il s'intéressa d'abord à l'histoire des religions, de la métaphysique et de l'alchimie. Puis il publia ensuite de nombreux ouvrages sur l'épistémologie et la philosophie des sciences (Galilée, Newton, Einstein...).

Alexandre Koyré

La révolution épistémologique

L'épistémologie phénoménologique de Koyré

Le mot épistémologie vient du grec ancien épistémè, connaissance et logos, discours. L'épistémologie entre soit dans le domaine de la philosophie des sciences qui étudie des sciences particulières, soit dans celui de la connaissance en général.

Selon Claude Bernard en mathématiques comme dans beaucoup de sciences,

> *« Quand les mathématiciens étudient des sujets qu'ils ne connaissent pas, ils induisent comme les physiciens, comme les chimistes ou comme les physiologistes... ». « ... Le principe du mathématicien devient absolu, parce qu'il ne s'applique point à la réalité objective telle qu'elle est, mais à des relations de choses considérées dans des conditions extrêmement simples et que le mathématicien choisit et crée en quelque sorte dans son esprit... ». « ...Le principe reste absolu, conscient, adéquat à l'esprit, et la déduction logique est également absolue et certaine ; il n'a plus besoin de vérification expérimentale, la logique suffit ».*[83]

En effet, l'évolution des mathématiques a été pour le physicien un puissant auxiliaire, mais selon Claude Bernard,

> *« L'incertitude du point de départ ne peut que s'accroitre par l'aveugle logique de l'analyse, si l'expérience ne vient à chaque pas servir de boussole et de règle ».*

Il ajoute :

> *« La mécanique rationnelle et la physique mathématique forment donc le passage entre les mathématiques proprement dites et les sciences expérimentales »*[84].

Dans le *Discours de la méthode*, Descartes pose quatre règles dont la troisième affirme que la simplicité a une valeur épistémologique :

---

[83] Ibid. p. 68-69.

[84] Ibid. p. 51.

« Construire par ordre mes pensées, en commençant par les objets les plus simples et les plus aisées à connaitre pour monter peu à, peu, comme par degrés, jusqu'à la connaissance des plus composées »[85].

L'épistémologie moderne trouve son origine dans la philosophie kantienne c'est-à-dire par un refus de l'empirisme. L'épistémologie est la branche de la philosophie des sciences qui étudie d'une manière critique la méthode scientifique, les formes logiques et les modes d'inférences utilisés.

Jean Piaget proposait de définir l'épistémologie ainsi : « *En première approximation l'épistémologie c'est l'étude de la constitution des connaissances valables* », dénomination qui selon Jean-Louis Le Moigne[86] permet de poser les trois questions :

- Qu'est-ce la connaissance ? (La question gnoséologique).

- Comment est-elle constituée ou engendrée ? (La question méthodologique).

- Comment apprécier sa valeur ou sa validité ? (La question de l'adéquation).

Longtemps l'épistémologie s'est rapportée à la Science prise dans le sens aristotélicien de la philosophie naturelle, ce qui explique qu'actuellement l'épistémologie se rapporte aussi aux sciences humaines comme la sociologie.

L'épistémologie phénoménologique de Koyré.

Pour Alexandre Koyré et Edmund Husserl, la phénoménologie prend pour point de départ l'expérience en tant qu'institution sensible des phénomènes, afin d'en extraire les dispositions essentielles des expériences, ainsi que l'essence de ce dont on fait l'expérience. Depuis l'ouvrage de Bertrand Russel [87] pour les anglophones, l'épistémologie est la théorie de la connaissance appuyée sur l'étude critique.

---

[85] René Descartes, *discours de la méthode*. Grimaldi, et Marion, J.-L. (éds.), *Le Discours et sa méthode*, Paris, P.U.F. 1987.

[86] Jean-Louis le Moigne, *Les épistémologues constructivistes,* PUF 1995.

[87] Bertrand Russel, *Essai sur les fondements de la géométrie,* traduction de louis Couturat avec lexique en français ; Gauthier Villar 1901, collection Harvard Univ.

En effet, pour bien connaitre le passé, on doit connaître le présent et approfondir de son mieux la science dont on veut écrire l'histoire, car c'est la connaissance du passé qui éclaire le cheminement de la science[88].

Pour Koyré, passer du « monde clos » de la cosmologie aristotélicienne à la théorie d'un « univers infini » d'Isaac Newton suppose ainsi une transformation radicale des bases métaphysiques sur lesquelles repose la physique[89]. Dans ce livre, il décrit l'apparition de la science moderne et le changement qui s'est produit dans la perception du monde durant la période qui va de Nicolas de Cues et Nicolas Copernic à Isaac Newton. Koyré, assez proche sur ce point des dernières études d'Edmund Husserl, soutient que la science moderne a vaincu la dichotomie inhérente à la science aristotélicienne entre la Terre et l'Espace puisque tous deux sont désormais gouvernés par les mêmes lois de la gravité universelle.

Koyré a influencé des philosophes des sciences européens et américains, tels que Thomas Kuhn. Koyré a montré que le monde des hommes pouvait apparemment paraître si peu en prise avec la recherche scientifique moderne, cela ne correspondait pas à la réalité. Dans ses écrits, Koyré a montré que les vérités scientifiques sont toujours découvertes en fonction d'une histoire spécifique et même de circonstances purement personnelles.

Koyré doutait de la justesse de la revendication des scientifiques à prouver des vérités naturelles et fondamentales à travers leurs expérimentations. Il avançait que les expériences sont basées sur des prémisses complexes et que tout ce qu'elles tendaient à faire était de prouver le bien-fondé de celles-ci plutôt que de n'importe quelle vérité. Il critiquait les expériences de Galilée et pensait que certaines d'entre elles pourraient n'avoir pas eu lieu. Il se posait par ailleurs des questions sur leurs résultats.

---

88 Sous la direction de Jean Piaget, *logique et connaissance scientifique*, encyclopédie de la Pléiade, 2010, p. 200.

89 Alexandre Koyré, *La révolution épistémologique d'Isaac Newton,* deux tomes traduits du latin en Anglais parus en 1971 et 1972 aux *Harvard University Press*.

Pour Koyré,

« La science était d'abord théorique, aspiration à connaître la vérité du monde et à faire apparaitre les structures essentielles d'où surgissent les phénomènes et les lois qui les relient »...

De ce fait, « ce n'est pas la nature expérimentale ou empirique des travaux de Galilée et d'Isaac Newton qui firent la révolution scientifique du XVIIe siècle, mais un changement de perspective, une nouvelle vision théorique du monde, en passant du paradigme d'un univers géocentrique à un paradigme héliocentrique où la Terre tourne. Koyré critiquait une vision positiviste des sciences pour laquelle des relations entre des phénomènes permettraient d'établir des lois qui les décriraient ou mieux qui permettraient de les prédire.

Principes épistémologiques selon Bachelard

Tout d'abord, pour Bachelard, l'épistémologie ne doit pas être de l'ordre de la réminiscence[90], c'est-à-dire à un retour de souvenirs vagues et mal localisés dans le temps et les lieux.

Selon Bachelard,

« C'est en termes d'obstacles qu'il faut poser le problème de la connaissance scientifique »[91]*...*
« La science contemporaine réclame un nouveau départ. Il faut ici s'appuyer sur des techniques qui ne s'expriment pas totalement dans le langage de nos gestes mécaniques et de nos intuitions géométriques »...
« La révolution épistémologique conduit d'ailleurs à remplacer la phénoménologie par une organisation d'objets de pensée » [92]*...*
« Constatons ainsi en passant combien la pensée scientifique mûrit vite de nos jours. Pendant des siècles on a cru que le feu existait avant la percussion dans la pierre à fusil »[93]*...*

[90] Gaston Bachelard, *Le nouvel esprit scientifique*, PUF ed. 2013.
[91] Gaston Bachelard, *La formation de l'esprit scientifique*, Vrin, 1965, p. 13
[92] Ibid. page 54.
[93] Ibid. page 55.

« Autrement dit, le progrès est la dynamique même de la culture scientifique et c'est cette dynamique que l'histoire doit décrire. Elle doit décrire en jugeant, en valorisant, en enlevant toute possibilité à un retour vers des notions erronées, l'histoire des sciences ne peut insister sur les erreurs du passé qu'a titre de repoussoir »... « On rencontre alors la dialectique des obstacles épistémologiques... La notion d'actes épistémologiques correspond à des saccades du génie scientifique qui apporte des impulsions inattendues dans le cours du développement scientifique. Alors il y a un négatif et un positif dans l'histoire de la pensée scientifique »[94].

Selon Bachelard pour comprendre une science, on doit combiner des raisonnements d'épistémologie, de logique, de dialectique et de relations sujet-objet :

« Par contre, c'est la réflexion qui donnera un sens au phénomène original en suggérant une suite organique de nouvelles recherches. Nous ne pouvons avoir a priori aucune confiance en l'instruction que le donné prétend nous fournir.

La science croyait-on, était réelle par ses objets, hypothétique par les liaisons établies entre les objets.

La Pensée scientifique ne trouve pas immédiatement la cohésion et la permanence d'une existence »[95].

« La frontière de la pensée scientifique, c'est une impossibilité, n'est pas synonyme d'une limitation de la pensée. Scientifiquement la frontière de la connaissance ne parait marquer qu'un arrêt momentané de la pensée. Philosophiquement toute frontière absolue proposée à la science est la marque d'un problème mal posé, car il est impossible de penser à une impossibilité »[96].

« La philosophie scientifique doit en quelque manière détruire systématiquement les bornes que la philosophie avait imposées à la science. Chaque hypothèse, chaque équation, chaque expérience réclamerait sa philosophie, ce qui correspondrait à une

---

[94] Gaston Bachelard, *l'Épistémologie,* textes choisis, PUF 1992, p. 199.

[95] Gaston Bachelard, *le nouvel esprit scientifique*, PUF ed. 2013, pages 11 à 15.

[96] Ibid. p. 16.

philosophie du détail épistémologique. La philosophie platonicienne professe que les idées déclinent en s'appliquant aux choses. La philosophie empirique donne l'idée comme un résultat de l'expérience en détachant tout l'apriori de la préparation »[97].

« Les régions du savoir scientifique sont déterminées par la réflexion on ne les trouve dans une phénoménologie de première prise où les visées d'un subjectivisme que nous aurions à préciser en déterminant une phénoménotechnique de la psychologie. »... « Le rationalisme est une philosophie qui n'a pas de commencement. Quand on le définit dans une de ses opérations, il a déjà depuis longtemps recommencé. Il est la conscience d'une science rectifiée, d'une science qui porte la marque de l'action, de l'action humaine de l'action réfléchie industrieuse, normalisant »[98].

---

[97] Gaston Bachelard ; *Le nouvel esprit scientifique*, PUF ed. 2013, pages 18 à 23.
[98] Ibid. p. 24.

Chapitre VI
Développement de la pensée logique

Le mot logique, du grec « *logikê* », dérivé de logos (λόγος), a été utilisé pour la première fois par le philosophe platonicien Xénocrate (396-314 av. J.-C.), où la logique signifie à la fois raison, langage et raisonnement.

Origine de la pensée logique

La logique est à l'origine la recherche de règles générales et formelles permettant de distinguer un raisonnement concluant de celui qui ne l'est pas. Les penseurs présocratiques [99] appelaient ces raisonnements des sophismes[100]. Le type de discours prononcés par les sophistes, orateurs prestigieux et professeurs d'éloquence (ou plus globalement de rhétorique), était surtout de persuader l'auditoire. Rappelons le syllogisme célèbre de Socrate : tous les hommes sont mortels, Socrate est un homme, donc Socrate est mortel.

Le sophisme part d'un raisonnement à base de syllogismes qui a la forme d'une implication dont l'antécédent est la conjonction de deux propositions appelées prémisses : « Si tout A est B et si C est A, alors C est B ». Il n'est pas toujours facile de distinguer un sophisme d'un raisonnement logique et sain, constamment utilisé en science. Un sophisme peut conduire à une absurdité comme dans l'exemple cité précédemment : un cheval bon marché, puisque rare, est cher.

La logique est née de la philosophie naturelle d'Aristote. Elle trouve ses premiers tâtonnements dans les mathématiques et surtout dans la géométrie, mais c'est principalement sous l'impulsion d'abord d'Euclide, puis ensuite d'Aristote qu'elle prit son envol. Elle s'enrichit ensuite du Cogito de Descartes. Pour Descartes la Logique d'Aristote paraît insuffisante parce qu'elle n'entre pas assez dans une application proche de la vie. Pour lui, la logique est la science instrumentale des philosophes. Cette logique se décomposait en dialectique, rhétorique et philosophie naturelle.

---

[99] Les penseurs présocratiques étaient les philosophes antérieurs à Socrate (vers -469 J.C -399), les plus célèbres ont été Thales, Anaximandre, Pythagore, Empédocle et Démocrite.

[100] Sophisme vient du grec σοφία (*sophía*) : « sagesse », savoir.

Au Moyen-Âge, la logique ne figure pas explicitement parmi les sept arts libéraux (trivium : grammaire, dialectique et rhétorique ; quadrivium : arithmétique, géométrie, astronomie et musique). Leibniz est le logicien le plus important entre Aristote et les logiciens du XIXe siècle. Kant, pour sa part, adopta un point de vue ontologique. L'ontologie est la doctrine voulant répondre à la question: « qu'est-ce que l'être ? » plutôt qu'à « une théorie de la connaissance ».

La logique de Leibniz

Au XVIIe siècle Leibniz (1646-1716) se réclama constamment de la tradition des syllogismes d'Aristote et fut le premier à imaginer et à développer une logique entièrement formelle. Leibniz fit des recherches fondamentales en logique qui révolutionnèrent profondément la logique aristotélicienne. Les deux grandes caractéristiques de la logique de Leibniz consistent d'une part dans le fait qu'il a voulu constituer un langage universel (la *lingua caracteristica universalis*) prenant en compte non seulement les connaissances mathématiques, mais aussi la jurisprudence (il établit les correspondances à la base de la déontique), l'ontologie (Leibniz critiqua la définition que René Descartes donnait de la substance).

À côté de cette langue universelle, Leibniz a rêvé d'une logique qui serait dérivée du calcul algorithmique et donc mécaniquement décidable (*calculus ratiocinator*). Leibniz annonce ainsi la langue artificielle et purement formelle qui sera développée au vingtième siècle par Frege. Leibniz énonça sa conception de la logique en deux principes aristotéliciens :

1/ Toutes nos idées sont formées d'un très petit nombre d'idées simples qui forment l'alphabet de la pensée humaine.

2/ Les idées dites complexes procèdent de ces idées simples par un système de composition syntaxique comparable aux règles de calcul de l'arithmétique et de l'algèbre.

La Logique de Kant

Emmanuel Kant (1724-1804), quant à lui, définit la logique comme « *une science qui expose dans le détail et prouve de manière stricte, uniquement les règles formelles de toute pensée* ». Kant adopte un point de vue spiritualiste. Pour Kant, un principe spirituel est la cause première de toutes choses.

La logique de Kant confronte le déterminisme à la liberté de l'homme. L'homme est alors souvent conçu comme une conscience essentiellement libre, (et souvent aussi immortelle), puisque cette conscience est déterminée uniquement par elle-même, elle est donc aussi indépendante d'un monde dont elle est radicalement différente (thèse du « dualisme esprit/matière »), ou bien, au contraire, dans une autre version du « spiritualisme », le monde matériel est lui-même conçu comme n'étant qu'un épiphénomène de l'esprit (thèse du « monisme spiritualiste »).

La logique empirique

À la fin du siècle dernier on croyait encore au caractère empiriquement unifié de notre connaissance du réel. En effet, pour les empiristes l'expérience est uniforme dans son essence car tout vient de la sensation, dans l'adoption ou dans le refus, l'être empirique forme un bloc absolu. Pour les idéalistes, l'expérience est uniforme parce qu'elle est imperméable à la raison. Selon Willard Van Orman Quine[101],

> « *Dans les deux dogmes de l'empirisme, la notion d'analycité ne peut pas être définie clairement, car elle s'explique par celle de synonymie nécessaire entre deux termes dans certains contextes, mais en disant cela on présuppose la notion d'analycité (déjà contenue dans « nécessaire »). L'analyse de la notion d'analycité serait donc circulaire* ».

Relations entre objets et sujets

Actuellement pour comprendre la logique, il faut tenir compte de la relation entre objet et sujet. Pour Piaget, les relations entre objets et sujet peuvent s'expliquer ainsi : Les sciences abstraites (logique et mathématiques) qui portent sur les formes des objets ou des phénomènes au lieu de procéder des formes de notre esprit. La logique concerne les relations entre objets, mais considérés « indépendants des termes » entre lesquels ces relations existent, tandis que les mathématiques portent sur des relations en termes spécifiés du point de vue quantitatif :

---

[101] Willard Van Orman Quine, *Les deux dogmes de l'empirisme,* Dans *D'un point de vue logique,* éd. Harvard Univ Press, version française 1960, page 9.

« La logique, la métrologie et l'épistémologie constituent trois branches du savoir dont la première seule présente des contours précis ; or la connaissance vraie constitue une certaine relation entre un objet et un sujet.

Par exemple dire qu'une truite est un poisson ou que des corps s'attirent en raison de leur masse et en raison inverse du carré de leur distance, suppose des objets (les truites, les poissons, les corps, leurs masses et les distances) et des additives au sujet ; additives de classification dans le premier cas de ces jugements et additive plus complexe de mise en relation, et ensuite quantification numérique de ces relations dans le cas du second de ces jugements.

Mais ces jugements font intervenir des structures et de telles réelles structures sont inhérentes à toutes les relations de connaissances unissant les objets (quel que soit le niveau de ces connaissances) à des objets (quelle que soit leur variété et cela à partir déjà des objets de la perception).

En l'espèce, ces structures sont constituées par des classes et des emboitements de classes (inclusion d'une classe dans une sous-classe) dans le premier de ces deux jugements, et par des relations, des fonctions, des nombres et une métrique spatiale dans le cas du second jugement. Il existe naturellement un nombre infini d'autres structures possibles, mais l'essentiel pour l'instant, est de distinguer, au sein des relations des connaissances s'établissant entre les objets et le sujet ; ce troisième aspect ou f orme ; en effet il est impossible de savoir d'avance si ces aspects ou formes appartiennent au sujet, à l'objet, à tous les deux ou à leur relation seule »[102].

Willard Van Orman Quine[103] a cherché à établir que dans le mot et la chose, le but est de montrer quels sont les objets dont nous devons nécessairement poser l'existence et ceux dont nous pouvons nous passer, sachant que la suppression de toutes les entités inutiles est celle du raisonnement déduit du rasoir d'Ockham où il ne faut pas multiplier les entités sans nécessité.

---

[102] Jean Piaget, *Logique et connaissance scientifique,* ouvrage collectif sous la direction de Jean Piaget, La Pléiade, 2001.

[103] Willard Van Orman Quine (1908-2000) philosophe, linguiste et logicien américain.

Cette thèse dite de l'holisme épistémologique fut défendue aussi par Pierre Duhem[104] et est appelée « Thèse de Duhem-Quine » dans laquelle il n'est pas possible de réfuter une théorie par un simple fait isolé, car il serait possible logiquement d'effectuer d'autres aménagements dans le système[105].

L'universalité de la logique

En 1854, Boole développe une nouvelle forme de logique, à la fois symbolique et mathématique. Le but : traduire des idées et des concepts en expressions et équations, leur appliquer certains calculs et retraduire le résultat en termes logiques. C'est le début de la logique moderne, fondée sur une structure algébrique et sémantique, que l'on appelle algèbre de Boole en son honneur. Cette dernière donnera naissance à la logique formelle dépassant la structure binaire entre sujet et attribut. En outre, on a assisté depuis le XIXe siècle (Boole, Jevons) au développement fulgurant d'une approche mathématique de la logique. En effet avec l'algèbre de Boole et la théorie des ensembles au XXe siècle, on a obtenu une connexion entre philosophie, mathématiques, et science.

Pour Piaget, la logique et la connaissance scientifique sont indissociables[106] :

> *« Les logiciens d'aujourd'hui répondent que la logique naturelle n'est pas une logique et que la vraie logique est axiomatique et qu'une axiomatique est libre de toute attache extérieure qu'elle a choisie, ce qui exclut toute circularité »...*

La convergence opérée avec l'informatique depuis la fin du XXe siècle lui a donné un regain de vitalité. Elle trouve depuis le XXe siècle de nombreuses applications en ingénierie, en linguistique, en psychologie cognitive, en philosophie analytique ou en communication.

---

[104] Pierre Duhem (1861, 1916), sociologue et philosophe des sciences.

[105] Willard Van Orman Quine, *méthodes de logique*, Armand Colin, 1973.

[106] Sous la direction de Jean Piaget, ouvrage collectif, *Logique et connaissance scientifique* ; la Pléiade. 2001.

La logique est la base de la pensée rationnelle. Pour convaincre ses interlocuteurs il faut aligner ses affirmations suivant une méthodologie scientifique, il faut imposer cette contrainte pour se convaincre soi-même, et pour tout jugement, la justesse des arguments justifie une bonne conclusion. La logique s'exprime en phrases et termes, écrits, parlés et conçus.

En logique, on considère les mots comme des signes conventionnels, dont la signification est arbitraire, et qui se rapportent aux idées ou concepts mentaux. Ceux-là, par contre, sont des signes naturels, qui se rapportent aux choses et objets extérieurs. Ainsi, les mots se rapportent de façon secondaire aux choses, par l'intermédiaire des concepts mentaux. Ce rapport du mot au concept mental est dupliqué par le rapport du mot écrit à la parole ».

La logique dialectique

Le mot « dialectique » trouve son origine dans le Monde grec antique (le mot vient du grec *dialegesthai* : « converser », et *dialegein* : « trier, distinguer », *legein* signifiant « parler »). La dialectique (également méthode ou art dialectique) est une méthode de discussion, de raisonnement, de questionnement et d'interprétation qui occupe depuis l'Antiquité une place importante dans les philosophies occidentales et orientales.

Tout raisonnement qui suit une logique dialectique, procède en général par la mise en parallèle d'une thèse et de son antithèse, et tente de dépasser la contradiction qui en résulte au niveau d'une synthèse finale. Cette forme de raisonnement trouve son expression dans le réputé « plan dialectique » dont la structure est « thèse-antithèse-synthèse » : je pose (thèse), j'oppose (antithèse) et je compose (synthèse) ce qui amène à la conclusion.

Comme Bachelard [107], nous pensons qu'il faut reconsidérer l'application de la dialectique à des doctrines périmées pour expliquer par exemple, en termes d'expérience, pourquoi le phlogistique[108] et la

[107] Bachelard, l'esprit scientifique

[108] La théorie du phlogistique développée par Stahl supposait qu'un fluide inhérent à tout corps était censé produire la combustion en abandonnant ce corps.

génération spontanée[109] sont à rejeter dans le cadre de la chimie organique et de la biologie. De même les doctrines du vitalisme[110] de Barthez doivent être rejetées pour pouvoir mieux justifier les travaux de Pasteur sur la microbiologie. Les concepts de la génération spontanée, et du vitalisme se sont formés à une époque où la métaphysique imposait ses concepts à la philosophie rationaliste. Pour les rationalistes la pensée scientifique est attachée à des concepts indestructibles qui affirment pour toujours une valeur épistémologique précise. Il en résulte de formuler une histoire récurrente qui part des incertitudes du présent afin de découvrir dans le passé les formations progressives de la vérité.

Le conceptualisme estimé

Doctrine d'après laquelle les idées générales ou les concepts n'ont d'existence que dans les mots servant à les exprimer. Le *nominalisme* pense que les idées générales ne sont que des mots ; le *réalisme* pense que les idées générales supposent quelque chose de réel : des deux côtés, égale vérité, égale erreur (Cousin, Hist. philos. XVIIIe siècle, t.2, 1829, p.309).

Le nominalisme rigoureux, s'il garde la croyance en Dieu, ne peut le désigner que par de pures périphrases, par des dénominations extrinsèques, sans arriver à porter sur Dieu en soi des jugements valables (Théol. cath. t.4.1, 1920, p.794). Pour les réalistes, (...) les universaux existent réellement en soi (...).

Contre le réalisme, le *conceptualisme* estime que les universaux sont des constructions de l'esprit, qui ne peut se passer d'eux. Les idées n'existent pas en elles-mêmes, mais seulement en tant que conçues par nous. Seuls existent réellement les individus (...).

Le structuralisme

Ce courant de pensée des années 1960, visait à privilégier d'une part la totalité des faits par rapport à l'individu, d'autre part la

---

[109] La génération spontanée est une notion aristotélicienne attribuant l'apparition d'un être vivant sans ascendant, sans parent de la matière inanimée.

[110] Le vitalisme est une tradition métaphysique pour laquelle le vivant n'est pas réductible aux lois physico-chimiques.

synchronicité[111] des faits plutôt que leur évolution, et enfin les relations qui unissent ces faits plutôt que les faits eux-mêmes dans leur caractère hétérogène et anecdotique. Le structuralisme a connu sa forme la plus complète dans l'anthropologie sociale pratiquée par Lévi-Strauss[112]. C'est un courant des Sciences humaines qui s'inspire du modèle linguistique de Ferdinand de Saussure (1916), qui appela le structuralisme, une hypothèse linguistique. Pour les structuralistes, les processus sociaux sont issus de structures fondamentales qui sont le plus souvent non conscientes. Ainsi, l'organisation sociale génère certaines pratiques et certaines croyances propres aux individus qui en dépendent. Mais avec Lévi-Strauss, le structuralisme donnera son nom à plusieurs courants de pensées dans des disciplines qui n'ont rien à voir avec la linguistique. Aujourd'hui le terme est très répandu et sa définition varie d'une discipline à l'autre.

D'une manière générale, la structure possède une organisation logique mais implicite, un fondement objectif en deçà de la conscience et de la pensée. En effet, tout structuralisme repose sur un double statut des structures, à la fois irréel (comme forme abstraite d'organisation) et réel (comme réalisation concrète). Par conséquent, le structuralisme vise à mettre en évidence ces structures inconscientes par la compréhension et l'explication de leurs réalisations. Pour Levi Strauss, le structuralisme cherche à expliquer un phénomène à partir de la place qu'il occupe dans un système, suivant des lois d'association et de dissociation (supposées immuables) :

> *« Si l'activité inconsciente de l'esprit consiste à imposer des formes à un contenu, et si ces formes sont fondamentalement les mêmes pour tous les esprits, anciens et modernes, primitifs et civilisés, comme l'étude de la fonction symbolique, il faut et il suffit d'atteindre la structure inconsciente, sous-jacente à chaque institution et à chaque coutume, pour obtenir un principe d'interprétation valide pour d'autres institutions et d'autres coutumes.* »[113]

---

[111] La synchronicité est l'occurrence simultanée d'au moins deux événements qui ne présentent pas de lien de causalité, mais dont l'association prend un sens pour la personne qui les perçoit.

[112] Claude Levi Strauss, *Tristes tropiques,* réédition Plon, 1993.

[113] Claude Lévi-Strauss, *Anthropologie structurale*, Paris, Plon, 1958, p. 28.

Après avoir joui d'une position institutionnellement dominante et d'une presque unanimité dans le milieu universitaire français, le prestige de l'anthropologie structurale s'est effrité régulièrement depuis la fin des années 1980. Pour Jean Piaget, le structuralisme,

> *« est bien une méthode et non pas une doctrine »* et *« le danger permanent qui menace le structuralisme [...] est le réalisme de la structure sur lequel on débouche sitôt que l'on oublie ses attaches avec les opérations dont elle est issue ».*

Car pour lui, *« il n'existe pas de structure sans une construction, ou abstraite ou génétique »*, ce qui est d'ailleurs le point de vue constructiviste…

> *« Pour les uns comme en mathématiques, le structuralisme s'oppose au compartimentage des chapitres. Le structuralisme s'est surtout distancé des recherches de chroniques portant sur des phénomènes isolés pour trouver des systèmes d'ensemble en fonction de la synchronie. Il est évident que si l'on cherche le structuralisme en opposition avec d'autres attitudes et en insistant sur celles qu'il a pu combattre, on ne trouve que diversités et contradictions liées à l'histoire des sciences ou des idées. En première approximation, une structure est un système de transformations qui comporte des lois en tant que systèmes par opposition aux propriétés des éléments »*[114].

Mais selon Raymond Bourdon,

> *« Le structuralisme, ne relevant que les causes matérielles, relève de la pensée magique en faisant de la structure une force occulte personnifiée qui dicterait son comportement à l'individu. Le structuralisme est l'une des sources de la systémique, une science apparue dans les années 1950 qui considère ses objets d'études selon une approche globale (ou holiste). C'est historiquement la plus ancienne de ses composantes directes, parmi lesquelles on peut citer la cybernétique ou encore la théorie du système général »*[115].

---

[114] Jean Piaget, *le structuralisme,* PUF 1962, réédition 2007, chapitre premier.

[115] Raymond Bourdon, *discours de réception à l'académie des sciences morales et politiques,* éditeur C. Descamps, 1991.

Chapitre VII
Critiques et dérives de l'esprit scientifique

Dérives et perversions de l'esprit scientifique

Dans ce chapitre, nous allons aborder les égarements de l'esprit scientifique, en particulier les doctrines de ce que l'on appelle les para-sciences philosophiques dont le positivisme et le scientisme apparues au XIXe siècle.

Le positivisme d'Auguste Comte

Le positif est né dans l'esprit des philosophes « idéologues », Volney, Cabanis, Destratt de Tracy, qui croyaient que le cerveau secrétait la pensée comme le foie la bile. L'idée d'une politique positive, thématisée par Auguste Comte (1798-1857), était déjà présente chez Saint-Simon (1760-1825).

Pour Auguste Comte, le mot positif désigne le réel par opposition au chimérique. Dans son livre « le positivisme », publié en 1830, Auguste Comte expose sa doctrine, mélangeant Théologie, Métaphysique et Science. Auguste Comte fut d'abord secrétaire de Saint-Simon le fondateur du saint-simonisme[116]. Auguste Comte, a créé une philosophie fondée sur la théorie de la science. Elle eut beaucoup d'influence au XIXe siècle, mais elle a donné lieu à nombreuses dérives.

Auguste Comte a aussi inventé une théorie de la connaissance qu'on appelle la loi des trois états, doctrine censée s'appliquer aussi bien à l'individu qu'à l'humanité tout entière. C'est dans son livre qu'Auguste Comte expose sa doctrine des trois états correspondant aux trois stades suivants :

- Au stade théologique, la connaissance se limite à des images qu'on ne cherche pas à expliquer, ce sont, par exemple, les premières sensations du nourrisson ou les formes les plus anciennes des religions (totémisme, animisme, chamanisme etc.).

---

[116] Doctrine où les différences de l'inné d'un individu pourraient disparaître avec l'acquis.

- Au stade métaphysique, on remplace les images par des idées abstraites qui ne sont pas vraiment explicatives, mais qui sont déjà une schématisation permettant d'aller vers des concepts scientifiques.

- Au stade positif, on analyse les faits d'expérience de manière à obtenir des lois qui permettent d'expliquer le monde et de transformer la nature dans l'intérêt de l'homme.

Pour Auguste Comte, l'esprit humain aux prises avec les phénomènes a manifesté au cours de l'histoire qu'il pouvait s'y prendre de deux manières : la première consiste à en chercher les causes, la seconde manière consiste à se borner à étudier les relations invariables qui constituent les lois effectives de tous les phénomènes observables, et à écarter toute recherche quelconque des causes proprement dites. Pour lui, l'esprit pour devenir positif doit se détourner de la question du pourquoi, et se limiter au comment des phénomènes.

Pour nous, ce langage est plus proche de la métaphysique que du rationalisme.

La devise des positivistes sera : *Ordre et progrès*. C'est-à-dire le respect d'un ordre établi pour faire évoluer une science inventive permettant un progrès de la condition humaine.

Pour Gaston Bachelard, le positivisme est fils de l'échec et du renoncement. Il est né de l'astronomie grecque et sa meilleure expression est celle du système de Ptolémée. Le positivisme est une théorie hypothétique[117].

Comme l'a fait remarquer Angèle Kremer Marietti :

> *« La conception de la science positive prenait parti en faveur d'un ordre social agencé et dénonçait les philosophes des Lumières comme des penseurs négatifs... car ces philosophes introduisaient le doute dans leur pensée. En fait, en définissant les lois de sa société « positive » Auguste Comte a inventé une nouvelle religion, la religion de l'humanité »*[118].

---

[117] Gaston Bachelard, *la formation de l'esprit scientifique,* J. Vrin, 1938 p. 81.

[118] Angèle Kremer-Marietti, *Auguste Comte et la théorie sociale du positivisme*, Paris, Seghers, 1970.

On a reproché à Auguste Comte et à ses disciples leur confiance excessive dans la science et leur croyance au déterminisme absolu. Dans le domaine social, Auguste Comte a voulu créer une science, la sociologie, mais il n'en a pas posé les bases, il s'est contenté de reprendre les considérations traditionnelles sur la famille, cellule de la société.

En 1844, la rencontre avec une jeune femme, Clotilde Le Vaux, déterminera un changement dans sa vie. Auguste Comte se mit à inventer une religion de l'humanité dont il était le grand prêtre et Clotilde la déesse. Il créa un calendrier avec des noms de savants qui remplaçaient les noms des saints pour les jours du calendrier, et il y avait même des textes de prières. À la fin de sa vie, la maladie rendit le philosophe méconnaissable, mais son apport à la philosophie fut important par ses réflexions sur la science.

Certains disciples d'Auguste Comte allèrent en Amérique du sud. Il reste encore une trace d'une république positiviste au Brésil dont la devise est toujours « *Ordem e progresso* ». Cette devise a été choisie par le dernier empereur Pedro II[119]. Cette devise « *ordre et progrès* » correspondait à un idéal de la politique selon Auguste Comte, qui peut être interprété dans deux sens opposés, soit comme conservatisme, soit comme émancipation de l'humanité.

Auguste Comte a préconisé une classification des sciences, en sciences abstraites et sciences concrètes. Cette classification est obsolète de nos jours pour des raisons évidentes. Cette attitude était très répandue au XIXe siècle. Le principe du positivisme est de codifier ce qui est issu de l'expérience et de l'observation. Le positivisme d'Auguste Comte est basé sur une confiance illimitée dans la science et dans l'expérimentation... Auguste Comte lie le caractère « positif » de la science à l'observation et à la prédiction des faits[120]. Auguste Comte formula dans son ouvrage la règle suivante :

> *« Toute proposition qui n'est pas strictement réductible à la simple énonciation d'un fait particulier ou général, ne peut offrir aucun sens réel ou intelligible ».*

---

[119] Pedro II dit Don Pedro, résida dans les dernières années de sa vie à Paris où il côtoya de nombreux savants français.

[120] Dominique Lecourt, *L'ordre et les jeux. Le positivisme logique en question*, Grasset, Paris, 1980.

Mais avec Allan Kardec[121] le positivisme prit une dérive vers l'irrationnel. Pour Jean-Michel Besnier :

> *« Les positivistes l'ont cru et prétendaient borner l'investigation scientifique aux mécanismes qui règle les phénomènes... Certains savants et philosophes dont l'astronome Flammarion ont cherché à assigner à la science un espace de compétences limité au champ de l'observable ou de l'expérimental, la totalité du réel ne pouvait assurément pas alors se faire passer pour un objet de la science des phénomènes »*[122].

Pour nous le positivisme est une doctrine philosophique qui n'a jamais eu de réel pouvoir sur le travail des savants, ceux-ci étant plutôt préoccupés par les comptes rendus des causes des phénomènes observés.

Le scientisme

> *« Le scientisme désigne le plus souvent la prétention qu'aurait la science d'être capable de se considérer comme presque achevée, d'être capable d'expliquer tout ou presque tout et de fournir des explications définitives ».*

Cette conception est due au biologiste Félix le Dantec (1869-1917) qui croyait en la valeur absolue de la science sans limite et sans réserve. Le scientisme correspond à une foi radicale en une science prétendue parfaite et définitive, ce qui conduit à des excès d'intransigeance, à une croyance dogmatique dans la science.

Pour les croyants,

> *« le scientisme est une vision du monde sans aucune référence à Dieu, dont l'existence se trouve écartée au nom des principes de la science »*[123].

Pour Ernest Renan,

---

[121] Allan Kardec (1804-1869), célèbre spirite.

[122] Jean-Michel Besnier, *la croisée des sciences*, science ouverte, Le Seuil, p. 81.

[123] Article de J. Staune, Le Monde du 23 février 2006.

« le scientisme sera l'intelligence tout entière de la nature humaine et apportera à ce titre une réponse définitive aux problèmes dont les religions avaient improvisé la réponse ».

Mais des scientistes, comme le chimiste Marcellin Berthelot[124], s'agissant de la politique, diront qu'elle est la seule souveraine. C'est-à-dire que la politique doit organiser scientifiquement l'humanité pour la conduire vers la perfection, telle serait la tâche d'un gouvernement.

Le scientisme désigne donc le fait de confier aux savants les affaires publiques, en s'imaginant que la science pourrait donner les clés d'une politique. Le scientisme a connu beaucoup de dérives. Nous pouvons citer le scientisme politique et nationaliste reposant sur des théories hasardeuses comme celle de Marcellin Berthelot en France pour ses positions anti-atomistes, et celle de Trofim D. Lyssenko pour son refus d'admettre les principes fondamentaux de la génétique de Mendel en URSS[125], prétendant que la génétique ne doit pas être bourgeoise mais marxiste.

L'utopie scientiste de Berthelot

Berthelot fut un politique[126] plus qu'un chimiste, il fut très encensé de son vivant par ses positions de libre penseur. Pour Berthelot « la science doit dominer tout, et devenir la nouvelle religion » :

« Dans ces temps là, il n'y aura plus dans le monde ni agriculteurs, ni pâtres, ni laboureurs : le problème de l'existence de la culture du sol aura été supprimé par la chimie ; chacun emportera pour se nourrir sa petite tablette azotée, sa petite motte de matière grasse, son petit morceau de fécule ou de sucre, son petit morceau d'épices aromatiques, accommodés à son gout personnel ; tout cela fabriqué économiquement et en quantités inépuisables par nos usines ; tout cela indépendamment des saisons régulières, de la chaleur qui dessèche les plantes, ou de la gelée qui détruit l'espoir de la fructification ; tout cela enfin exempt de ces microbes pathogènes, origine des épidémies et ennemis de la vie humaine.

---

[124] Marcellin Berthelot (1827-1912). M. Berthelot fit réfuter les théories atomistes des chimistes allemands.

[125] Jaures Medvedev, *grandeur et chute de Lyssenko,* préface de Jacques Monod, Gallimard 1971.

[126] M. Berthelot sera ministre de l'instruction publique.

Ce jour- là, la chimie aura accompli dans le monde une révolution radicale, dont personne ne peut calculer la portée ; il n'y aura plus ni champs couverts de moissons, ni vignobles, ni prairies remplies de bestiaux. L'homme gagnera en douceur et en moralité. Dans cet empire universel de la force chimique, la terre deviendra un vaste jardin arrosé où la race humaine vivra dans l'abondance et dans la joie du légendaire âge d'or »[127].

Les philosophes post – modernes et les relativistes

Au cours du XXe siècle, la sociologie et la philosophie des sciences ont vu se développer des courants relativisant radicalement la valeur des thèses admises en science en tant que vérités. Ces courants sont désignés par le qualificatif de « *post-modernes* ». Certains défendaient l'idée que les connaissances scientifiques telles qu'elles existent ne sont pas des descriptions d'une réalité extérieure à la société, mais une simple construction de la société humaine. Les défenseurs de cette position sont appelés « *relativistes* ».

En 1996, la revue de sciences humaines *Social Text* publia un recueil d'articles allant dans le sens des post-modernes, sous le nom *Science wars*. Mais le physicien Alan Sokal parvint à faire publier parmi ces articles une parodie d'article scientifique, volontairement absurde. Le canular l'ayant rendu assez célèbre, Sokal s'associa au physicien belge Jean Bricmont pour écrire un livre détaillant son point de vue sur ce qu'il cherchait à mettre en évidence. Cet ouvrage a été publié en anglais l'année suivante sous le titre *Fashionable Nonsense : 'Postmodern Intellectuals' Abuse of Science* et traduit en français sous le titre *Impostures intellectuelles*[128.] Dans l'introduction de leur livre, Bricmont et Sokal précisent leurs intentions en ces termes :

« Le but de cet essai est d'apporter une contribution, limitée mais originale, à la critique de la nébuleuse post-moderne. Nous ne prétendons pas analyser celle-ci en général, mais plutôt attirer l'attention sur des aspects relativement peu connus, atteignant néanmoins le niveau de l'imposture, à savoir l'abus réitéré de concepts et de termes provenant des sciences physico-

[127] Marcelin Berthelot, *Science et morale,* Calmann Levy, 1897.

[128] Jean Bricmont & Alan Sokal, *Impostures intellectuelles,* Odile Jacob, 1997.

mathématiques. Plus généralement, nous analyserons certaines confusions intellectuelles, fort répandues dans les écrits post-modernes, qui portent à la fois sur le contenu des discours scientifiques et sur sa philosophie ».

Sokal et Bricmont dans cet ouvrage ont dénoncé avec justesse les tenants de la philosophie post-moderne. Ils ont attaqué avec force des auteurs qui utilisent les concepts ou le vocabulaire des mathématiques ou de la physique, relevant les erreurs et les invoquant pour dénoncer des pensées vides de sens, en commentant des extraits de livres de Jacques Lacan, Julia Kristeva, Bruno Latour, Gilles Deleuze, Luce Dirigera, Jean Baudrillard et Félix Guattari.

« Ces auteurs jettent des mots savants à la tête du lecteur ; ils utilisent des termes techniques, issus des mathématiques ou de la physique qu'ils comprennent très mal et surtout sans jamais en expliquer la pertinence pour les sujets qu'ils prétendent aborder comme par exemple la psychanalyse. Il y a, d'autre part, une partie plus subtile et sans doute plus importante, où nous critiquons une série d'idées que l'on peut regrouper sous le terme générique de relativisme cognitif. L'idée est à peu près la suivante : la vérité ou la fausseté d'une affirmation serait relative à un individu ou un groupe social et donc la science moderne ne serait qu'un mythe, une narration ou une construction sociale parmi d'autres ».[129]

Critique du post-modernisme selon Sokal et Bricmont

D'après Sokal et Bricmont, ces post-modernes utilisent des métaphores mal appropriées, pout eux le mot « *abus* » désigne une ou plusieurs des caractéristiques suivantes, comme par exemple :

« Parler abondamment de théories scientifiques dont on n'a, au mieux, qu'une très vague idée ».

Dans la plupart des cas, les auteurs visés par ce travail ne font qu'utiliser une terminologie para-scientifique sans trop se soucier de la véritable signification des mots.

Importer des notions de sciences exactes dans les sciences humaines sans donner la moindre justification empirique ou conceptuelle à cette démarche. Un biologiste qui voudrait utiliser dans son domaine de

---

[129] Ibid.

recherche des notions élémentaires de topologie (telles que le tore), de la théorie des ensembles ou encore de la géométrie différentielle, serait prié de donner quelques explications.

Lacan écrit que la structure du névrosé est exactement le tore, Kristeva que le langage poétique relève de la puissance du continu et Baudrillard que les guerres modernes se déroulent dans un espace non-euclidien. Exhibant une érudition superficielle dans un contexte où elle n'a aucune pertinence, ces post-modernistes manipulent des phrases dénuées de sens et se livrent à des jeux de mots. Il s'agit en effet d'une indifférence pour la signification des termes utilisés.

Pour Sokal et Bricmont,

> *« Les auteurs attaqués ont cru que personne ne relèverait leur usage abusif des concepts scientifiques. Qui est assez autorisé pour s'écrier que « le roi est nu » ? Le but des auteurs est justement de dire que le roi est nu... Ils ne veulent nullement attaquer les sciences humaines ou la philosophie en général ; au contraire, ils pensent que ces domaines sont fort importants et veulent mettre en garde ceux qui y travaillent (surtout les jeunes) contre des exemples manifestes de charlatanisme. En particulier, ils veulent « déconstruire » la réputation qu'ont ces textes d'être difficiles parce que profonds. Dans bien des cas, ils peuvent montrer que s'ils semblent incompréhensibles, c'est pour la bonne raison qu'ils ne veulent rien dire ».*

D'après Hubert Krivine[130], Bruno Latour s'est fait le chantre des conceptions du courant relativiste, pour ce dernier,

> *« Les philosophes des sciences dites post-modernes connaissent aujourd'hui un succès que nous regrettons, pour eux il n'y avait pas de réalité, que la nature était une simple fonction de la forme culturelle variable dans laquelle elle s'exprime, autrement dit, que c'est la nature qui est une fonction de la représentation que nous en construisons, et non pas comme on pouvait le croire et espérer jusqu'à présent l'inverse... Et il [Latour] est parvenu à la*

---

[130] Hubert Krivine, *L'attitude scientifique, douter ou relativiser,* Progressistes n°2, octobre-novembre-décembre 2013, p. 46.

conclusion que les questions épistémologiques étaient en fin de compte, uniquement des questions de style, les systèmes physiques se distinguant les uns des autre et s'opposant les uns aux autres, comme les tragédies en termes d'écoles, de manières et de conventions 'le déclin de l'occident'... Synthétiquement ce courant de pensée considère naïf de faire intervenir la Nature – c'est à dire l'expérience – comme arbitre des controverses scientifiques ; où plus subtilement, ne la considère que comme un argument rhétorique supplémentaire. La notion de vérité scientifique serait une imposture. À la limite ce sont les scientifiques qui fabriquent les objets qu'ils croient découvrir ».

Selon Hubert Krivine[131], Bruno Latour considère que :

> « les chercheurs n'utilisent pas la nature comme un juge extérieur et, comme il n'y a aucune raison d'imaginer que nous sommes plus intelligents qu'eux, nous n'avons pas non plus à l'utiliser »...

Hubert Krivine, concernant Bruno Latour et Isabelle Stengers, écrit :

> *« Comme souvent chez ces relativistes on passe d'une trivialité vraie « si le concept est reconnu », c'est bien qu'il y ait « un nombre suffisant d'autres scientifiques » pour le faire, à une trivialité fausse : cette reconnaissance ne devrait rien à son « caractère rationnel »... « Ils racontent que la nature, c'est-à-dire l'expérience et l'imbrication dont nous avons parlé ne joue qu'un rôle rhétorique d'appoint. Ils disent quelque chose et ce quelque chose est faux ».*

De nombreux philosophes ont approuvé les écrits de Sokal et Bricmont, mais il y eut une contre attaque des post-modernes dans la revue Alliage, où Jean-Marc Levy Leblond affirme que Bruno Latour n'a fait aucune erreur dans son interprétation de la théorie de la relativité, (ni Lacan en topologie). Certaines des « *cibles* » de Sokal ont d'ailleurs participé à ce numéro.

Alan Sokal et Jean Bricmont citent Deleuze et Guattari dans leur ouvrage[132] *Qu'est ce que la philosophie ?* et écrivent :

---

[131] Ibid. p. 47.

[132] Jean Bricmont & Alan Sokal, *Impostures intellectuelles,* Odile Jacob, 1997.

« la première différence est dans l'attitude respective de la science et de la philosophie du chaos. On définit le chaos moins par son désordre que par la vitesse infinie avec laquelle se dissipe toute forme qui s'y ébauche ».

Le terme « *chaos* » n'est pas utilisé dans son sens habituel en science où un système chaotique est caractérisé par une prévisibilité très faible et parler d'une vitesse infinie est absurde. Nous avons observé que les reproches que font Sokal et Bricmont concernent aussi certains sophrologues qui utilisent souvent un langage qui est hors propos pour décoder et comprendre la sophrologie. Par exemple parler de la longueur ou du temps de Planck, avec des temps de 10^{-44} s, n'ont aucun rapport avec une méditation transcendantale de plusieurs centaines de secondes. Certains pseudo-physiciens sophrologues utilisent un langage à la pointe des questions contemporaines sans l'avoir compris :

« Les physiciens cherchent aujourd'hui une théorie super unifiée, c'est-à-dire qui unifie toutes les interactions physiques – les interactions forte, faible, électromagnétique et gravitationnelle. Le candidat actuel est la théorie des super cordes, le mot super cordes indique que dans cette théorie, les particules ne sont pas des particules ponctuelles mais des cordes vibrantes, ces cordes vibrantes vivent dans un monde à une dimension, elles ont une longueur de Planck ($1,62.10^{-33}$cm) mais pas d'épaisseur »[133].

[133] Actes du colloque de la société française de sophrologie de 2004, publié à l'Harmattan en 2005 sous la direction de Nadine Zuili.

Chapitre VIII
Croyances et méfiances envers la science

Persécutions anti-scientifiques des pouvoirs religieux et politiques

L'apport des connaissances scientifiques a permis de faire progresser le bien être des populations, mais les méthodes de la science, basées sur le raisonnement rationnel, se sont heurtées aux conceptions dogmatiques et l'obscurantisme issu des âges les plus reculés de la civilisation, a été - et est encore - un frein puissant à leur popularisation.

Cependant, depuis Euclide, les mathématiques ont été nourries de la pensée logique et déductive, constituant l'outil nécessaire à la progression des connaissances scientifiques. Déjà au XVIe siècle, Leonard de Vinci disait :

> « *Ceux qui sont férus de pratique sans posséder la science, sont comme le pilote qui s'embarquerait sans timon ni boussole, et ne sauraient pas où ils vont* ».

La science s'est donc construite par l'observation des phénomènes physiques et de leur interprétation par les mathématiques qui permettent de quantifier leurs paramètres et d'exploiter les résultats des mesures. Actuellement, nous vivons dans un monde hautement dominé par la techno-science, fille des progrès scientifiques. Nous en tirons certes des bénéfices considérables, mais aussi nous en subissons des effets dangereusement pervers. Comme une universalité des pensées simplistes pour beaucoup de gens, la science est de plus en plus souvent appelée au banc des accusés et les scientifiques font figure d'apprentis sorciers. Le public semble oublier que « *science sans conscience n'est que ruine de l'âme* ».

La science issue de la philosophie naturelle d'Aristote a cherché à vaincre l'ignorance en dehors de tout pouvoir divin ou politique. Ceci explique que certains savants et philosophes depuis Socrate ont été persécutés pour leur opposition rationnelle au pouvoir régalien. Fontenelle fustigeait déjà la tendance naturelle à dissimuler l'ignorance ou l'erreur sous le prestige du mystère.

Au VIe siècle avant J.-C., influencés par les mythes, certains philosophes présocratiques comme Hésiode[134], pensaient que la maîtrise du feu avait bouleversé l'ordre naturel de l'univers et préconisaient le retour aux temps où le feu n'existait pas encore[135]. Ceci explique pourquoi la science a été souvent la mal aimée par une grande partie des populations et des pouvoirs religieux. Citons ces quelques exemples de persécutions de savants :

- À Samarcande le prince astronome Ulugh Beg (1394–1449)[136], sultan de la dynastie timouride de l'empire Turco moghol fondé par Tamerlan, entreprit vers 1429 la construction du plus grand observatoire astronomique de son époque. Ainsi, Samarkand a été un haut lieu de l'astronomie. Ulugh Beg y travailla et enseigna avec quelques 70 mathématiciens et astronomes, dont Qadi-Zadeh Roumi, Al Kashi ISHI et Ali Quchtchi. Ces travaux, aboutiront à la publication des Tables dites sultaniennes (zij-e soltâni, en persan), premier catalogue astronomique de près de 1000 étoiles, dont la précision restera inégalée pendant plusieurs siècles. Mais tout ce travail fut anéanti, d'abord par l'assassinat d'Al Kashi en 1429, puis par celui d'Ulugh Beg en 1449 sur ordre de son fils par des intégristes islamistes. A la mort d'Ulugh Beg, cet observatoire fut détruit, car pour ces fous de Dieu il représentait un pouvoir satanique[137]. Heureusement après la mort d'Ulugh Beg, Ali Quchtchi est parti avec une copie des Tables sultaniennes à Tabriz, puis à Istanbul d'où elles atteignirent l'Europe.

- Avicenne (né en 983 à Boukhara et décédé en 1037 à Hamadhan), astronome, pré-chimiste et philosophe, a jouit d'une telle influence qu'il devint l'objet de pressions, sollicitations, jalousies, tantôt poursuivi par ses ennemis, tantôt convoité par des princes adversaires de ceux auxquels il voulut rester fidèle.

---

[134] Hésiode, *Les travaux et les jours*, ed. Mille et une nuits, Fayard, 2006, pages 90-105.

[135] Geoffrey E.R. Lloyd, *Les débuts de la science grecque, de Thalès à Aristote*, ed. La découverte, 1990.

[136] Ulugh Beg, petit fils de Tamerlan de son vais nom Mirza Muhamad bin Taraghay Shahrukh. Cf. Jean-Pierre Luminet ; *Ulugh Beg, l'astronome de Samarkand*, J-C Lattes, 2015.

[137] Ahmed Djebbar, *une histoire de la science arabe*, Le Seuil, 2001.

Avicenne fut obligé de se cacher à maintes reprises, vivant alors de ses seules consultations médicales. Il mena une vie itinérante et mouvementée, parsemée de fuites, d'emprisonnements et d'évasions. En1023, il se réfugia auprès de l'émir d'Ispahan et y trouva une certaine paix durant quatorze ans pendant lesquels il mena à bien ses travaux.

- Au XVIe siècle, Nicolas Copernic (1473-1543), en publiant le *De Revolutionibus*, conçu comme un nouvel Almageste, a eu l'immense mérite de développer l'idée de l'héliocentrisme qui marque, par son importance historique considérable, l'origine de ce qu'il est convenu d'appeler, à juste titre, la révolution copernicienne. Conscient de la portée de sa théorie, Copernic retarda sa publication qui n'intervint qu'en 1543, l'année de sa mort. De son vivant, à aucun moment, Copernic ne fut inquiété par l'Église, mais sa théorie fut mise à l'index en 1616, puis interdite.

- Jérôme Cardan (1501-1576) fut un des plus célèbres mathématiciens de la Renaissance italienne, mais pour augmenter ses faibles revenus de médecin et d'enseignant, il s'adonna à l'astrologie, et en 1570 il rédigera un horoscope de J.-C. pour montrer l'incohérence de l'astrologie avec les doctrines de la scolastique. De ce fait il sera brièvement emprisonné, mais absout par le pape Grégoire XIII, il lui sera cependant interdit d'enseigner et d'écrire.

- En Occident, Giordano Bruno (1543-1600) a été condamné au bûcher en 1600 pour avoir justifié la pluralité des mondes dans un univers infini, ce qui de nos jours ne surprend plus personne.

- En 1633, Galilée (1564-1642) a dû abjurer devant le Saint Office en se rétractant pour avoir déclaré que la Terre tournait sur elle-même et autour du Soleil comme le prétendait Copernic, et que, par conséquent, la Terre n'était pas au centre du monde comme l'affirmait la doctrine de l'Église Catholique Romaine.

Méfiances envers la science

Au début du XIXe siècle, l'Académicien Lieutard, dans son éloge à Condorcet, écrivait à propos des astrologues[138] et des médiums qui critiquaient la Science pour justifier leurs supercheries :

---

[138] Elie Volf, *Michel Eugène Chevreul*, L'Harmattan 2008.

« Des préjugés sont soutenus avec chaleur par des praticiens ignorants, parce qu'il en coûte moins pour décrier une science que pour l'approfondir, ils sont utiles aux charlatans parce qu'il est plus aisé d'en imposer sur son habileté que sur ses connaissances ».

En effet, de nos jours, avec la peur du nucléaire et avec certaines affaires liées à la santé (vaches folles, sang contaminé, antennes relais, OGM etc. ...), il s'est installé une méfiance allant jusqu'au rejet de la science par une partie de la population.

Pour ces sceptiques, la science est devenue la source de tous les maux, de la pollution, de la guerre, du feu nucléaire, etc. Les gens sont déconcertés par la complexité des nouvelles connaissances scientifiques, et très peu de spectateurs regardent les rares émissions télévisées scientifiques.

La plupart des français sont incapables de citer un scientifique de renom à part Marie Curie, Pasteur ou Einstein[139.] En astronomie, si vous demandez le nom d'un astronome, le plus souvent on vous citera l'astronome médiatique Hubert Reeves, mais peu vous parleront des grands astronomes comme Camille Flammarion (1842-1925) ou Edwin Hubble (1889-1953).

Beaucoup de personnes manquent de confiance en la science. Pour celles-ci, il existe des phénomènes paranormaux étrangers à toute interprétation scientifique, il y a des réalités que la science ne parviendra jamais à expliquer. C'est ce que suggèrent d'ailleurs les sondages comme celui qui fut établi par Jacques Sutter[140] reprenant l'enquête CSA de 1994[141].

Ce scepticisme envers les sciences a peu évolué depuis 1994, mais selon un sondage exclusif IPSOS-Logica publié dans le journal le Monde du 16 juin 2010, 90 % des français voient dans la science la solution pour éradiquer certaines maladies comme le cancer ou le sida.

---

[139] Arkan Simaan, *La science au péril de sa vie,* Adapt-Vuibert, 200[139] L'éloge de Liautard à Condorcet se trouve dans le *Rapport à l'Académie des sciences* de Chevreul de 1.

[140] Guy Michelat, Julien Pottel, Jacques Sutter, *L'Héritage chrétien en disgrâce*, L'Harmattan, 2003, p. 200.

[141] Sondage CSA *Le Monde-La Vie* de 1994.

Cependant, prés de 58 % des français, méfiants envers la science et absolutistes vis à vis du principe de précaution, sont opposés à l'exploitation des OGM, à la création des ondes hertziennes produits par les relais téléphoniques, etc. Dans le cas général, le sondage du Monde donne les résultats suivants :

Croyances dans les limites explicatives de la science[142]

Confiance totale envers les sciences	48 %	Soit 77 %
Confiance modérée envers les sciences	29 %	
Scepticisme envers les sciences	18 %	
Sans opinion	5 %	

D'autre part certaines idées scientifiquement réfutées sont toujours aussi tenaces dans l'esprit du grand public, comme l'homéopathie, les arts divinatoires (l'astrologie, la numérologie, le spiritisme et le magnétisme animal), tandis que des bonnes idées peuvent attendre longtemps avant de se répandre.

Par exemple les lois de l'hérédité de Gregor Mendel (1822-1884) sont restées longtemps inconnues. Les travaux de Mendel demeurèrent en latence jusqu'à ce qu'au début du XXe siècle, Hugo de Vries, Carl Correns et Erich Von Tschermak les redécouvrent chacun de leur côté.

La science s'est développée au cours des siècles avec l'apport des mathématiques qui ont quantifié les mesures pour la fabrication d'objets et ont permis l'observation du ciel en météorologie, mais surtout en sciences physiques (chimie et physique), et celles de la vie et de la Terre.

Éthique et science

« *On reproche souvent à la science d'être immorale, et il est vrai que le progrès scientifique a souvent permis de donner des armes à la haine et à la sottise, qu'il a notamment rendu la guerre plus atroce. On reproche encore à la science d'être 'amorale' ; et il est vrai que le savant étudie les faits et les rapports entre les faits sans chercher à les juger ; que, Mais la science, qui n'est qu'un effort de connaissances, ne peut être rendue responsable par suite, il n'y a pas et il ne peut y avoir 'une science de la morale'.*

---

142 Ibid.

Mais la science elle-même implique un idéal moral dont elle est la réalisation et qui fait corps avec elle-même »[143].

De telles accusations ont été nombreuses à la suite des deux dernières guerres mondiales, elles se développent aujourd'hui à propos de nombreuses avancées scientifiques incomprises qui induisent des peurs irrationnelles. Cependant, il ne faut pas minimiser le rôle des savants dans le contexte de découvertes donnant lieu à des applications potentiellement néfastes et inhumaines. Cela a été vrai pour certains savants comme Fritz Haber. Fritz Haber a été prix Nobel de chimie en 1918 pour ses travaux en thermochimie et sur la synthèse de l'ammoniac à partir du di-azote et du di-hydrogène. Mais Fritz Haber fut aussi à l'origine de la fabrication des gaz de combat dont l'ypérite et le Zyklon B[144].

Pendant la deuxième guerre mondiale des médecins allemands et japonais ont fait des expérimentations in vivo sur des êtres humains. En particulier, les médecins et biologistes japonais opérant en Mandchourie dans la sinistre unité 731, n'ont jamais vraiment été condamnés à la hauteur de leurs crimes, car nombre d'entre eux furent récupérés secrètement par les autorités américaines et ont collaboré avec celles-ci sur des programmes de guerre bactériologique. Dans cette Unité 731, le docteur Hisato Yoschimura fit geler des captifs chinois par centaines jusqu'à ce qu'ils meurent pour étudier les effets du froid. Cet ignoble personnage ne s'est jamais repenti et deviendra en 1970 Président de la faculté de médecine de Kyoto[145].

Mais d'autres savants comme Marie Curie (1867-1934), qui, avec ses voitures de radiologie pendant la première guerre mondiale, a pu exploiter à bon escient et très utilement ses découvertes pour sauver de nombreuses vies. Des savants ont cherché à faire pardonner leur découverte pouvant être meurtrière comme Alfred Nobel (1833-1896), inventeur de la dynamite en créant la fondation Nobel pour encourager les sciences et la littérature.

---

[143] Conférence de M. Albert Bayet, *Les Cahiers rationalistes* n° 1, 1935, p. 1-3.

[144] Fritz Haber a eu le Nobel de chimie en 1918, mais devant la réprobation de nombreux savants, il lui sera remis discrètement en 1919.

[145] Peters Williams, David Wallace, *La guerre bactériologue, les secrets des expérimentations japonaises*, Albin Michel, édition française 1990.

Doctrines assimilant spiritualité et science

Depuis l'origine des civilisations babyloniennes et hellénistes, les arts divinatoires ont été considérés comme une science. L'astrologie et l'astronomie ont été traitées comme deux sœurs jumelles en France jusqu'en 1682, date à laquelle Colbert a interdit l'enseignement de l'astrologie à la Sorbonne.

De même la numérologie, art divinatoire basé sur des relations entre des ensembles de lettres et de nombres, ne peut entretenir aucun rapport rationnel entre philosophie et arithmétique comme l'ont cru les pythagoriciens. Des doctrines ésotériques ont des origines lointaines et, vers les années 1960, il y eut un mouvement dit du *New Age* mettant sur le même plan la science, la spiritualité et le paranormal.

Le New Age

Le *New Age* fut un mouvement de pensée qui rechercha l'ouverture du champ de la connaissance et de l'harmonie de l'âme avec le cosmos. Ses méthodes font une large place à l'irrationnel (mystiques orientales, astrologie, macrobiotique, médecines douces, réincarnation, etc.). Les premières doctrines du *New Age* sont apparues dans les années 1930 dans les ouvrages de la théosophe Alice Bailey. Mais ce mouvement est né aux USA vers les années 1960-1970, sous l'influence de Carl Gustav Jung (1875-1961), et a été développé par Joseph Campbell. Aldous Huxley auteur d'abord d'ouvrages de science fiction comme *le Meilleur des Mondes*, dériva vers l'ésotérisme après la parution des *Diables de Loudun* (1952) où, selon lui, l'ensorcellement des ursulines était due à une psychokinèse crée par télépathie[146]. Ceci explique que certains écrits d'Huxley seront repris par les adeptes du *New Age*.

Pour Françoise Champion[147],

> « *le New Age se voulait humaniste et universel. Il s'agit d'une quête universelle de la spiritualité, dans une conscience cosmique.*

---

[146] Aldous Huxley *; les diables de Loudun*, traduction française, Plon 1953.

[147] Françoise Champion, *Le New Age*, Sciences humaines, Hors série n°21, juin-juillet 1998, pages 58 à 62. Françoise Champion, *Nouvel-Age et nébuleuse mystique-ésotérique*, *Les Cahiers rationalistes,* n° 475, mars 1993.

Tout adepte se cherche et se trouve au sein de cette mystique, cette connaissance de soi qui permet, disent-ils, d'accéder à la conscience cosmique qui serait d'une essence supérieure à la connaissance rationnelle de l'univers ».

À une période de contre-culture où surgit une multiplicité de courants religieux très proches de l'hindouisme et de mystiques formant une subculture spirituelle, le *New Age* est revenu aux USA et en Europe vers les années 1960, avec comme détonateur la non-violence des mouvements hippies.

Selon l'écrivain ésotérique français Paul Le Cour, précurseur du *New Age* dans son ouvrage *L'ère du verseau* (1937)[148], l'humanité serait sur le point de quitter l'ère des Poissons, période à dominance religieuse et belliqueuse pour entrer dans l'ère du Verseau, qui sera, selon ses prévisions, une époque d'harmonie retrouvée. Le concept d'ère du Verseau a ensuite été intégré aux croyances *New Age*, notamment dans le mouvement hippie. Ainsi la comédie musicale *Hair* s'ouvre-t-elle sur un hymne à la venue de « *the age of Aquarius* ».

En France, le *New Age* arriva à la même époque que la fin de la guerre d'Algérie (19 mars 1962), accompagnant la naissance du *Matin des magiciens* et la revue mensuelle *Planète* de Jacques Bergier et Louis Pauwels[149]. Les écrits de Jacques Bergier et Louis Pauwels furent critiqués sévèrement par un grand nombre d'auteurs, dont les rationalistes[150]. Dans le langage du *New Age*, on utilise des mots fétiches comme mutations, métamorphose, renaissance, éveil, ondes, champ potentiel…

« *Si vous parlez New Age, ne parlez plus d'horoscope mais de thème astral, plus de gourous, mais de Maître intérieur, plus de religion, mais de spiritualité, plus de Dieu, mais d'être universel,*

---

148 Paul Le Cour, *L'Ère du Verseau ; le secret du zodiaque et le proche avenir de l'humanité*, Dervy-Livres, 5ème éd., 1986. Selon les calculs « astronomiques » de Le Cour, les grandes périodes de notre histoire seraient déterminées par l'alignement du Soleil avec une des constellations du zodiaque. Pour Rudolf Steiner, l'humanité entrera dans l'Ère du Verseau en 3573.

149 Jacques Bergier et Louis Pauwels, *Le matin des magiciens*, 1ère édition. Gallimard, 1960.

150 Yves Gallifret et coll. (J. C. Pecker, E. Schatzmann…), *Le crépuscule des magiciens, le réalisme fantastique contre la culture*, Éditions rationalistes, 1965.

plus de grande énergie, mais de conscience cosmique, plus de psychiatre mais de psychothérapeute, plus d'enfer ni de paradis, mais de réincarnation, plus de foi du charbonnier, mais de visualisation créatrice etc. ».[151]

Ces mots n'ont pas de connotation précise mais font référence aux traditions de l'ancienne Chine et de l'*ayurvédisme* de l'Inde. La plupart des sectes se sont accaparé ce charabia en y ajoutant des adjectifs ou des substantifs comme énergie positive ou négative, cosmo-nautique, éveil de la conscience initiatique, harmonie universelle, mutation vibratoire, etc.

Le créationnisme, doctrine frauduleuse sur l'origine des espèces

La vision matérialiste darwinienne est essentielle en biologie et en paléontologie. Les créationnistes refusent la théorie de l'évolution en s'en tenant à leur doctrine fondée sur la Genèse[152]. La plupart des partisans du créationnisme nient l'évolution des espèces. Le dernier avatar du créationnisme est la théorie de l'*Intelligent Design* qui affirme que la vie sur Terre a été créée délibérément par un ou plusieurs agents intelligents (comme Dieu ou des extraterrestres).

Mais il existe encore des finalistes croyant à un but ultime métaphysique ou/et ontologique de l'évolution, et d'autres cherchant à perfectionner l'idée d'un équivalent mécanique de la finalité, comme par exemple l'idée que le vivant comporterait une programmation déterministe.

Enfin, il existe encore certains créationnistes adeptes du vitalisme, estimant que la vie n'est pas réductible à la matière et qu'il doit y avoir une force vitale, un principe vital totalement différent des autres principes physiques à l'origine de la vie. C'est cette idée qu'on retrouve dans l'affirmation religieuse que « *Dieu a créé la vie* ».

Pour sa part, Lamarck (1744-1829)[153] avait compris la nécessité théorique de l'évolution des êtres vivants. Aux USA, dans de

[151] Dossier du Canard Enchaîné sur les sectes de 1985.

[152] Selon cette croyance émise dans la Genèse, l'humanité a été créée il y a environ 6000 ans.

[153] Jean-Baptiste Pierre Antoine de Monet, chevalier de Lamarck est un des premiers naturalistes à avoir compris la *nécessité théorique* de l'évolution des êtres

nombreux établissements scolaires, le créationnisme est enseigné à égalité avec le darwinisme, ceci créant de grandes confusions parmi les adolescents.

La dianétique de l'Église de Scientologie

Lafayette Ronald Hubbard (1911-1986) dont le pseudonyme est Ron Hubbard, fut un auteur américain de nombreux livres de science fiction, écrits sans rigueur scientifique. En 1950 Ron Hubbard fit éditer *Dianétique, la Science moderne de la santé mentale.* Cet ouvrage sera le départ de l'*Église de la Scientologie* que beaucoup d'États, comme la France, reconnaissent aujourd'hui comme une secte dangereuse, et non comme une communauté scientifique ni une religion, comme le prétendait Ron Hubbard. Les doctrines énoncées dans ce livre bible[154] des adeptes de l'Église de la Scientologie, ont toutes été réfutées par les scientifiques et psychologues de renom de tous pays[155]. Ron Hubbard indique au lecteur que le « *dianetics* » (en français « *dianétique* »),

> *« contient une technique thérapeutique avec laquelle peuvent être traitées toutes les défectuosités mentales inorganiques, et toutes les défectuosités psychosomatiques organiques, avec l'assurance du traitement complet »...*

Il affirme « avoir découvert la source simple de dérangement mental ». Selon Arnaud Palisson[156], la dianétique contient des thèses pro-racistes et eugénistes. Elle est présentée par Ron Hubbard comme une nouvelle science du mental. Elle présuppose que le corps physique, a été au préalablement purifié de toutes ses impuretés, puis se propose de débarrasser l'individu des blocages psychiques qui inhibent ses capacités mentales.

Ces obstacles au développement du mental sont dénommés en français « *engrammes* » et en anglais « *engrams* ». Une fois libéré de

---

vivants, il opposa sa théorie du transformisme au fixisme dominant les conceptions naturalistes de son époque.

154 Ron Hubbard, *La dianétique*, traduction française, édition anglaise éditée par l'organisation américaine de la colline de Saint, Los Angeles, 1950.

155 Michael Russel, *Ron Hubbard : le gourou démasqué*, édition Plon puis ed. Omnibus, 2006 (en anglais "The Bare-Faced Messiah : *L. Ron Hubbard* ").

156 Arnaud Palisson, *Une grande enquête sur l'Église de la Scientologie, une secte hors la loi*, ed. Fabre, juin 2003.

ses engrammes à la suite de stages fort coûteux, l'individu atteint l'état de « *clair* », ce « *clair* » est encouragé à poursuivre son initiation à la *dianétique* par des stages de plus en plus coûteux « *pour être à l'abri de toute affection de son psychisme* ». R. L. Hubbard n'indique jamais comment il a conçu ses hypothèses douteuses.

Colloques de Reims et de Cordoue

En décembre 1975, eut lieu à l'Université de Reims un colloque dominé par la présence de Rémy Chauvin et John Barret Hasted[157]. Des scientifiques présents tentèrent de justifier les expériences en parapsychologie, en particulier les pseudo-expériences d'Uri Geller sur la torsion des cuillères[158].

Après le colloque de Reims, eut lieu en juillet 1979 le colloque de Cordoue, dont le thème fut *Science et connaissances*. Des personnalités de renom assistèrent à ce colloque, très médiatisé, avec notamment la présence de David Joseph Bohm (1907-1992), Brian D. Josephson, physicien, prix Nobel en 1973, pour sa découverte de la supraconductivité.

David Bohm et Brian D Josephson étaient venus pour parler de leurs diverses recherches avec des « *spirituels* » comme Jiddu Krishnamurti[159] (philosophe spiritualiste indien), et Maharishi Mahesh, Yogi, leader de la méditation transcendantale. Étaient également présents Fritjôf Capra pour son *tao de la physique*, mais aussi le théoricien de l'holographie, Karl Pribram, et des scientifiques comme Hubert Reeves.

À l'occasion de ce colloque fut invoquée la science, non seulement la mécanique quantique, mais aussi des domaines dans lesquels des mystiques cherchaient à faire entrer des doctrines considérées comme « *impossibles* » (voyages dans le temps etc.…). Ces physiciens, comme Olivier Costa de Beauregard, faisaient des spéculations et extrapolations hasardeuses à partir des « *théories quantiques* », en affirmant que la matière, créée par Dieu, possède une spiritualité.

---

157 J. H. Hasted, physicien anglais de renom, père de la spectroscopie hertzienne des liquides polaires dont l'eau.

158 Colloque de parapsychologie de Reims, éditions Bélibaste, 1976.

159 Pupul Jayakar, *Krishnamurti, sa vie-son œuvre*. Traduction : Anne-Cécile Padoux, éditeur L'âge du Verseau, Paris, 1989.

Le Koestler Parapsychology Unit d'Édimbourg

Le *Koestler Parapsychology Unit* d'Édimbourg, fondé en 1985 par un legs d'Arthur Koestler[160] à l'université d'Édimbourg pour la fondation d'une unité de recherche qui sera le successeur de la *Society for physical research.* Arthur Koestler (1905-1983), dès 1950, s'intéressa à l'étude irrationnelle de la parapsychologie et adhéra à la *Society for physical research.* Celle-ci fut créée en 1882 à Londres pour une étude du paranormal en télépathie, mesmérisme, *poltergeist*[161]. Mais pour la plupart de ces membres l'étude fut irrationnelle, comme par exemple en mesmérisme dit magnétisme animal, les lois de l'électromagnétisme étaient ignorées devant celles de la physiologie.

La *Society for physical research* a compté parmi ses membres les plus célèbres :

- L'astronome Camille Flammarion (1842 -1928).
- Le physicien William Crookes (1832-1919).
- Le physiologiste prix Nobel de médecine Charles Richet (1850 - 1935).
- Le romancier Arthur Conan Doyle (1959 – 1930).
- Les philosophes Henri Bergson (1859-1941) et Carl Gustav Jung (1875-1961).

Comme on le voit, on peut être d'une très grande intelligence et culture mais perméable à l'irrationnel.

Abus de sondages et de statistiques

Dans certains cas on utilise des données réelles pour justifier des coïncidences abusives comme dans le cas de l'*Effet Mars*.

L'effet mars pour les sportifs

L'*effet mars* a été une utilisation malhonnête de calculs statistiques pour un ensemble de sportifs nés au mois de mars, sans comparaison avec des populations non sportives.

---

[160] Arthur Koestler (1905-1983) romancier anglais d'origine hongroise, auteur en autres du *Zéro et l'infini.*

[161] De l'allemand *Poltergeist*, dérivé de *poltern* « faire du bruit » et *Geist* « esprit ».

L'*effet mars* est le nom donné à une hypothétique corrélation - dont l'existence a été affirmée dans les années 1950 par Michel Gauquelin - entre la destinée de certains sportifs et la position de la planète Mars par rapport à l'horizon et au méridien au moment de leur naissance. Aucune expérimentation scientifique n'a pu valider cette corrélation. Elle n'est donc pas établie, mais elle est parfois utilisée pour justifier certaines considérations en astrologie.

L'idée était de vérifier avec des outils statistiques l'existence ou non d'une corrélation entre la position d'un objet céleste dans le ciel à un instant et un endroit donné (déterminés par l'astronomie, mais correspondant en fait à un concept typiquement astrologique puisqu'il s'agit de l'instant et du lieu de naissance) et le devenir d'individus.

À l'automne 1977 le CSICOP (*Committee for Skeptical Inquiry*)[162] entreprend une autre étude sur les champions américains, cette fois, dont l'échantillonnage est mené par le Président Paul Kurtz, les calculs ont été réalisés par deux astronomes, George Abell et Dennis Rawlins. Les résultats seront publiés en 1979 dans *The Skeptical Inquirer*, la revue du CSICOP, et montrent un résultat significativement contraire aux hypothèses de Michel Gauquelin.

Des victimes de la science et de sa popularisation

Dés le XVIIIe siècle, les savants et les ingénieurs contribuèrent beaucoup à populariser la science et à faire progresser la démarche scientifique. C'est au XVIIIe siècle qu'ont été créés des ateliers scientifiques où des savants comme Lavoisier, Volta et d'autres, ont présenté leurs expériences devant un public nombreux.

De même Buffon a organisé dans ses forges près de Montbard des séances sur l'écoulement et le refroidissement de la fonte issue de ses hauts fourneaux, spectacle vu par plusieurs dizaines de personnes à chaque séance.

---

[162] Organisme Québécois pour la promotion des sciences et de la recherche scientifique, la pensée critique, l'enseignement des sciences, et de l'usage de la raison dans l'examen de questions importantes.

Mais à cette même époque des charlatans comme Cagliostro[163] ou Franz Anton Mesmer[164] effectuaient des prestidigitations et des expériences douteuses comme celle du dit magnétisme animal. Rappelons que le corps social des ingénieurs naquit sous Turgot en 1779 avec la création de l'École des Ponts et Chaussées. C'est sous la Révolution et l'Empire, que l'École Polytechnique, l'École Centrale, l'École Nationale des Arts et Métiers et le CNAM furent créés.

C'est à la fin du XIXe siècle, que les sciences entrèrent dans les médias en Europe et en Amérique du Nord, suite aux lois sur l'instruction obligatoire (1882 en France). Au XIXe siècle et jusqu'à la première moitié du XXe siècle, la science représentait le progrès, ce qui explique un véritable culte rendu à certains savants. La Troisième République glorifia ses savants et des personnages comme Louis Pasteur acquerront une valeur emblématique en illustrant le rôle du « *bon savant* ». Marie Curie, de par sa position de première femme physicienne, fût encensée à juste raison par les milieux féministes.

Mais beaucoup de savants se sont sacrifiés ou ont agi au péril de leur vie, pour que nos connaissances scientifiques progressent. Citons en particulier :

- Carl Wilhelm Scheele (1742-1786), chimiste suédois, qui est mort en découvrant l'acide cyanhydrique (il avait la désagréable manie de goûter tous les produits qu'il étudiait).

- À la fin du XVIIIe siècle plusieurs expéditions eurent lieu pour définir de manière précise le diamètre de la terre et sa rotondité. Ces travaux ont été fondamentaux pour définir le mètre à 1/ 40 000 000 du méridien terrestre. Méchain et Delambre furent chargés de mesurer le méridien terrestre par une méthode de triangulation pendant les éclipses de Venus à l'observatoire de Barcelone entre 1791 et 1794, ceci afin de déterminer une méridienne entre les observatoires de Paris et de Greenwich. Mais Méchain fut gravement accidenté en 1794 et ne put regagner la France qu'au bout d'un an[165].

---

163 Joseph Balsamo (1743-1795) dit Cagliostro, excellent prestidigitateur, aventurier et escroc.

164 Franz Mesmer (1734-1815) père du magnétisme animal inspiré de la doctrine du fluide universel.

165 Arkan Simaan, *la science au péril de sa vie*, Adapt-Vuibert, 2001.

- Von Humboldt (1769-1859) (zoologie, botanique) et Bonpland (1773-1858) (géographie, astronomie) lors d'une expédition commune en Amérique Latine qui durera 5 ans pour Von Humboldt et 15 ans pour Bonpland, faillirent se noyer en 1799 en traversant l'Orénoque[166].

- Pour le XXe siècle, citons Marie Curie, Marguerite Perey, Frédéric et Irène Joliot-Curie, qui ont découvert et manipulé des nouveaux radioéléments, mais qui furent victimes de ceux-ci. Conscients des dangers de certaines expériences, la plupart des scientifiques prennent des précautions.

- Mais parfois survient un accident malheureux dû à un relâchement de l'attention et du respect des précautions d'usage. Par exemple, ceci explique pourquoi le Professeur d'université Félix Esclangon est mort électrocuté devant ses étudiants le 5 mai 1956 lors d'une expérience d'électricité à la Sorbonne.

- La recherche scientifique est accaparante, des chercheurs ont été souvent mal compris de leurs pairs et ont dû se battre avec acharnement pour imposer leurs justes idées. Ainsi Ludwig Boltzmann (1844-1906)[167], incompris par ses collègues, est entré en dépression et s'est suicidé le 5 septembre 1906. On reconnait actuellement que les travaux de Boltzmann sur l'effet photo électrique et la théorie cinétique des gaz ont conduit aux principes fondamentaux de la thermodynamique statistique.

C'est à Jean Perrin (1870-1942) que l'on doit les premières initiatives en France pour faire connaître et vulgariser objectivement les sciences. En effet Jean Perrin, conseiller scientifique dans le gouvernement Blum de 1936, a impulsé la création du CNRS et du Palais de la Découverte. Depuis, beaucoup de Musées ou Cités des Sciences ont vu le jour en France comme dans la plupart des pays. Il faut citer d'autres initiatives pour familiariser les enfants à la science comme celle des Petits débrouillards, fondée au Québec en 1979 par le journaliste scientifique Félix Maltais.

---

[166] A-L Von Humboldt, *voyage de A-L Von Humboldt et A Bonpland relation historique du voyage aux régions équinoxiales du nouveau continent*, éd. Nazé, Paris 1819.

[167] Boltzmann fut le père de la physique statistique, mit en évidence l'existence des atomes, démontrant ainsi que la matière peut être considérée comme un ensemble d'identités indivisibles.

En 1996 sous l'impulsion de Georges Charpak (1924-2010), prix Nobel en 1992, de Pierre Léna et d'Yves Quéré, fut créée *la Main à la pâte* en collaboration avec les Petits débrouillards. Le premier objectif de *la Main à la Pâte* était de rénover l'enseignement des sciences et de la technologie à l'école primaire, en favorisant un enseignement fondé sur une démarche d'expérimentations scientifiques. Des mallettes et ouvrages pédagogiques furent élaborés pour l'enseignement primaire et pour les classes de 6e et 5e des collèges. Cela a permis de favoriser les apprentissages scientifiques, l'expérimentation et le raisonnement. En effet pour *la Main à la Pâte*, chaque enfant doit pouvoir ainsi approfondir sa compréhension des objets et des phénomènes qui l'entourent et développer sa curiosité, sa créativité et son esprit critique. De nombreux acteurs, enseignants, formateurs, conseillers pédagogiques, inspecteurs, ingénieurs, scientifiques, étudiants en sciences, etc. accompagnent la mise en œuvre de *la Main à la pâte*.

Chapitre IX
Méthodes pour développer l'esprit critique

Doute systématique et doute scientifique

Dans le sens de notre propos, l'esprit critique est partie prenante de la méthodologie scientifique. Nous pouvons avoir l'esprit faussé par un savoir limité, être inconscients de la véracité ou de la fausseté de nos affirmations, sans qu'une seule fois le doute s'insinue dans notre esprit. Il faut distinguer le doute systématique et le doute scientifique.

- *Le doute systématique* permet de se prémunir des erreurs involontaires ou malhonnêtes, mais cherche à ignorer la vérité contraire.
- *Le doute scientifique* apparait comme une mise en question des vérités admises et révélées. Sous sa forme récente par Popper, toute vérité pour être scientifique donc vérifiable, doit être réfutable. La réfutabilité, comme nous l'avons brièvement expliqué, est la capacité de juger de la consistance d'une proposition dont les attributs sont supposés scientifiques.

Dans l'absolu, pour juger une information, il faudrait en avoir une connaissance objective et universelle afin de tendre vers la « *perfection du jugement* ». Cet idéal souhaité est constamment irréalisable dans la pratique. Entre l'origine d'une information et sa réception par quelqu'un, un grand nombre de facteurs peuvent intervenir pour la déformer ou pour la falsifier. De nos jours, nous disposons d'un très grand nombre d'informations accessibles dans les bibliothèques et par Internet. La difficulté est de rejeter les données tendancieuses, fausses ou rédigées par des gens incompétents qui n'ont pas les connaissances adéquates, ou par des gens malhonnêtes. L'information originelle peut-être fausse :

a) soit, parce qu'elle a été inventée ou déformée, volontairement,

b) soit, parce qu'elle a été mal récoltée, mal interprétée, mal décortiquée, mal analysée, et mal perçue, à cause des abus de sens, des illusions, des erreurs de raisonnements du récepteur ou de l'observateur, souvent de bonne foi.

L'observateur ou le récepteur peut ou non la vérifier. S'il la vérifie, il le fera en fonction de ses connaissances et de ses critères d'analyse.

L'information reçue peut être transmise exactement ou déformée (comme dans le cas de rumeurs).

Avant d'aborder l'analyse zététique revenons à la philosophie du doute et du déterminisme.

Philosophie du doute et du déterminisme

Dès les débuts de la philosophie grecque, l'idée de cause se trouve associée à l'ambition majeure de la pensée. D'après Platon, « *il est impossible que quoiqu'il soit, l'effet puisse apparaître sans cause* ».

L'histoire de la philosophie donne l'exemple de deux types de doute, *le doute sceptique* de Pyrrhon et *le doute méthodique* de Descartes. Selon Pyrrhon, le doute ne peut être surmonté par le fait de l'impuissance de l'esprit à atteindre la certitude. Pour Descartes, au contraire, il faut rejeter tout ce qui ne présente pas la garantie d'une certitude absolue. Descartes croyant ne cherche que le savoir, il doute, et il veut se libérer du doute. Il cherche dans la science une connaissance certaine. Pour cela, il s'appuie sur une méthode déductive, ayant l'évidence pour critère.

On peut et on doit douter de tout, mais on doit aussi avoir confiance en soi et savoir justifier sa pensée. Les maximes de Descartes, « *Je pense, donc je suis* » (« *cogito, ergo sum* »), *Discours de la méthode* (1637)168, et « *je pense, je suis* » (« *cogito, sum* »), *Méditations métaphysiques*, 1641 [169] exprimant la « *substantifique moelle* », l'essence de sa pensée métaphysique, sont devenues célèbres. Elles veulent montrer une opposition ou une complémentarité entre l'idée d'esprit et celle de matière, vision dualiste, envers laquelle le philosophe actuel est plus prudent. Dans cette formulation « *Je pense, donc je suis* », je déduis mon existence en tant que chose pensante du fait même que je me saisis en train de penser, « *je pense, je suis* » ces deux termes s'appellent réciproquement.

---

[168] René Descartes, *Discours de la méthode*, commentaires de Denis Huisman, préface de Geneviève Rodis-Lewis, Ed. Fernand Nathan, 2005. (Aussi chez Garnier 1960, commentaires de Louis Liard).

[169] *Méditations métaphysiques* (*Méditations sur la philosophie première, dans lesquelles sont démontrées l'existence de Dieu et l'immortalité de l'âme*), commentaires de André Vergez, Christine Thubert-Courme, ed. Fernand Nathan, 2004.

Le Pyrrhonisme

Le *pyrrhonisme*, est l'habitude de douter de tout et de paraître douter de tout[170]. Cette doctrine est due à Pyrrhon et à ses disciples[171]. Pyrrhon (vers 365, vers 275 av. J.-C.) fonda les premiers principes du *scepticisme*[172]. Le pyrrhonisme se caractérise par le refus de toute affirmation dogmatique. Pyrrhon niait que l'homme puisse atteindre la vérité. Il pensait que tous les êtres organisés dans la nature sont soumis à un renouvellement continuel et qu'on ne peut en connaître que les apparences. Parmi les hommes, on ne rencontre qu'erreurs et contradictions de l'esprit, illusion des sens. À chaque proposition, on peut rencontrer son contraire, parfois tout aussi également probable (!). Il en résulte que le sage ne doit pas porter de jugement. Il perçoit des apparences, mais ne peut les proclamer comme vraies.

> *« En morale, il s'efforce d'atteindre un bonheur qui consiste simplement dans le silence initial des passions ou « ataraxie. »* [173].

Il n'existe pas d'écrits de Pyrrhon. Ce n'est que grâce à son disciple Timon le Sillographe, que l'on a eu connaissance de ses pensées. Le pyrrhonisme est loin d'avoir fait l'unanimité depuis Pyrrhon :

> *« Les réformés comme Melanchton ou Bèze l'ont critiqué pour son éthique liée à l'indifférence, et les catholiques l'ont rejeté dans la mesure où la doctrine du concile de Trente refusait d'abandonner toute assise rationnelle à la foi ».*

Pour nous le pyrrhonisme conduit à une application du principe de précaution poussé à l'extrême. En fait, nous pouvons douter de tout raisonnement, mais dans le cas d'un processus correspondant à une prévision, où rien n'est faux ou vrai à 100 %, il est plus rationnel de préciser la probabilité de cette prévision et prendre plutôt en considération un principe de vigilance.

Par exemple rejeter le Wi-Fi suivant un principe de précaution est injustifié dans la quasi-totalité des cas.

---

[170] *Vauzelard, les cinq livres des zététiques, 1630,* traduction de François Viète *(Larousse du XIXe siècle).*

[171] Marcel Conche, *Pyrrhon ou l'apparence,* seconde édition, PUF, 1994.

[172] Pierre Pellegrin, *Sextus Empiricus, Esquisses pyrrhoniennes*, texte traduit et commenté, Seuil, Collection Points Essais, 1997.

[173] « L'*ataraxie »,* en morale, est le silence initial des passions.

En toute logique, le principe de précaution poussé à l'extrême peut conduire à l'indécision absolue comme celle de l'âne de Buridan. Jean Buridan[174] (1292 - 1363), philosophe français, docteur scolastique, fut l'instigateur du scepticisme religieux en Europe. Son nom est connu pour l'expérience de pensée dite du paradoxe de l'âne de Buridan, se rapportant à la légende selon laquelle un âne est mort de faim et de soif, entre son picotin d'avoine et son seau d'eau, faute de choisir par quoi commencer.

On ne peut, à proprement parler, faire de ce cas de figure un paradoxe logique ; il s'agit plutôt d'un cas de dilemme poussé à l'absurde. Le paradoxe de l'âne de Buridan n'apparaît dans aucune des œuvres connues de Jean Buridan, bien qu'il soit tout à fait cohérent avec la théorie buridanienne de la liberté et de l'animal. C'est dans son *Commentaire littéral sur le Traité du ciel* (*Expositio in De caelo*) que Buridan met en scène, non pas un âne, mais un chien confronté au cruel dilemme. Buridan, évoque cette possibilité comme celle d'une alternative insensée[175].

Chez Aristote, le problème apparaît dans *De Caelo*, où Aristote se demande comment un chien qui doit choisir entre deux nourritures également attirantes choisit entre elles :

« *celui qui, affligé d'une faim et d'une soif très vives, mais également intenses, se trouve à égale distance des aliments et des boissons : lui aussi demeurera nécessairement immobile* ! »

Baruch Spinoza, dans *les Principes de la philosophie de Descartes démontrés selon la méthode géométrique*, paru en 1663, mentionne cet argument :

> « *Que d'ailleurs l'âme a une telle puissance, bien que n'étant déterminée par aucunes choses extérieures, cela se peut très commodément expliquer par l'exemple de (l'ânesse) de Buridan. Si en effet l'on suppose un homme au lieu (d'une ânesse) dans cette position d'équilibre, cet homme devra être tenu non pour une chose*

---

[174] Jean Buridan, philosophe français, fut en Occident le redécouvreur de la théorie de l'*impetus* vers 1340.

[175] Benoît Patar, *Dictionnaire des philosophes médiévaux*, 2006, p. 218-219.

pensante, mais pour l'âne le plus stupide, s'il périt de faim et de soif »[176].

Le scepticisme

Les racines du scepticisme remontent loin dans la tradition philosophique. Le mot vient du grec *skeptikos*, qui signifie « *qui considère* » ou « *qui examine* ». Le scepticisme est une variante de la zététique. Selon cette étymologie, la personne sceptique ne refuse pas a priori de croire l'affirmation qui lui est faite, elle désire au contraire l'examiner pour identifier ses fondements et sa validité.

Beaucoup d'auteurs ont dénigré les sceptiques. Pour Aristote, le sceptique ne peut mettre en pratique ce qu'il pense. Pour Husserl, le sceptique se contredit lui même en disant : « *je doute de la signification cognitive de la réflexion* ». Pour Wittgenstein, ce que pense le sceptique n'a aucun sens :

> « *Si je voulais douter de ce que ceci est ma main, comment pourrai-je m'empêcher de douter si le mot main a une signification particulière* ».

Ces divergences s'expliquent surtout par une métaphysique en l'existence de notre corps, d'un monde extérieur. En revanche, dans le langage courant, le mot sceptique a été détourné de son sens d'origine. En effet, lorsque nous disons : « je suis sceptique », nous exprimons souvent notre réticence à croire l'affirmation qui nous est présentée et notre volonté de considérer sérieusement les arguments de notre interlocuteur. Les nouvelles théories doivent être vérifiées de façon rigoureuse. Les scientifiques préfèrent utiliser la raison pour connaître et comprendre la Réalité plutôt que de faire appel à d'autres démarches comme une démarche mystique ou une démarche métaphysique. Ils partent du principe que l'univers reste intelligible à la Raison Humaine. Ils mettent en avant le doute systématique qui est un des fondements de la démarche scientifique. Ce doute se révèle être un puissant moteur de la découverte scientifique.

---

[176] Partie II de *l'Appendice contenant les « Pensées métaphysiques »*, trad. fr. Charles Appuhn, p. 388, chez GF-Flammarion, Paris, 1964, publié avec le *Traité de la réforme de l'entendement*, titre principal.

La science admet que toute vérité doit être vérifiée et peut-être remise en cause, chaque fois qu'un nouveau fait est apporté. Elle prône le libre examen de toute théorie, à condition que ce libre examen ne soit pas gratuit et puisse apporter de nouveaux éléments. La Science conserve un optimisme certain dans les capacités de la Raison Humaine, à pouvoir percer les secrets de la Nature.

L'analyse zététique

« *L'analyse zététique* »[177] est le nom donné par François Viète[178] à la méthode analytique[179]. Pour Henri Broch, elle est synonyme de méthodologie scientifique. Ce terme a été popularisé en France par les ouvrages et l'enseignement de la zététique d'Henri Broch, à l'Université de Nice.

Selon le Larousse du XIXe siècle, les définitions de la « *zététique* » et des « *zététiques* » (zététiciens) sont dues à *Sextus Empiricus*[180] (IIe - IIIe siècle après J.-C.), auteur des *Esquisses pyrrhoniennes*. Ces définitions semblent parfois contradictoires pour un sceptique du XXIe siècle :

> *« La zététique est une variante assez originale du scepticisme ; c'est un scepticisme provisoire, c'est presque l'idée de Descartes, considérant le doute comme un moyen et non comme une fin, comme un procédé préliminaire, non comme un résultat définitif »*[181].

D'après les renseignements sommaires que donne Sextus Empiricus, les zététiques, en s'appelant chercheurs, voulaient dire que l'esprit humain est fait pour chercher toujours et ne trouver jamais. Pour les zététiques ou chercheurs de vérité dans tous les domaines, il y aurait

---

177 « Zététicien » est un néologisme couramment employé pour désigner celui qui pratique la zététique, mais, à ce jour, ce néologisme n'est pas entré dans la langue française.

178 *Vauzelard, les cinq livres des zététiques1630,* traduction de François Viète *(Larousse du XIXe siècle).*

179 Selon le dictionnaire le « Robert ».

180 Pierre Pellegrin, *Sextus Empiricus, Esquisses pyrrhoniennes*, texte traduit et commenté, Seuil, Collection Points Essais, 1997.

181 Victor Brochard, *Les sceptiques grecs*, Paris, 1887, Vrin, Paris, 1959, rééd 1969.

suspension du jugement tant que l'on n'aurait pas prouvé ou infirmé un fait.

Les zététiques pensent que la recherche de l'Absolu est impossible ou vaine. L'analyse zététique repose sur le scepticisme dont les racines sont dans le pyrrhonisme et le déterminisme.

Selon Henri Broch[182] [183],

> *« L'outil principal de la zététique est la relation de cause à effet, à rechercher pour la validation d'une information. Une faille dans la causalité d'un phénomène doit alors nous conduire à être sceptique, à nous interroger sur sa réalité, à entreprendre une analyse et une investigation poussées. Au final, elle peut nous amener à trouver le moyen de réfuter tel ou tel phénomène ou le raisonnement d'une personne affirmant l'existence de tel ou tel fait ».*

La démarche zététique repose sur deux catégories de recommandation les facettes et les effets. Les facettes sont des principes généraux à respecter pour toute démarche zététique et, bien sûr, applicable à la méthodologie scientifique. Les effets sont des erreurs ou biais de raisonnement à rechercher dans tout discours ou écrit pour justifier une critique. Voyons selon l'analyse zététique d'Henri Broch[184] les principaux effets :

1- Raisonnement par syllogismes abusifs ou biaisés

Comme nous l'avons dit au sous-chapitre sur les types de raisonnements ; il faut faire également attention à certains raisonnements par syllogisme (pouvant conduire à des conclusions abusives) tels « Les ennemis de mes ennemis sont mes amis » ou « les amis de mes amis sont mes amis » (ce qui peut être faux). De même croire que deux thèses opposées peuvent coexister. Dans le domaine scientifique, deux thèses contradictoires ne peuvent jamais coexister dans la pratique (par exemple le créationnisme, fondé sur la Genèse, est en contradiction avec l'évolutionnisme) et aucune casuistique[185]

---

[182] Henri Broch, *Au cœur de l'extraordinaire*, ed. Book-e-book, Réédition 2003.

[183] Henri Broch, *Le Paranormal*, le Seuil, 1988, *op. cit.*

[184] Henri Broch, *Au cœur de l'extraordinaire*, ed. Book-e-book, Réédition 2003.

[185] Casuistique, terme pour qualifier un mode d'argument jugé spécieux ou sophistique.

subtile ou diplomatie adroite et astucieuse ne peut les faire admettre comme possibles simultanément.

2- L'attente affective d'un fait

On peut aussi déformer, inconsciemment ou non, le déroulement d'une expérience afin que ses résultats soient plausibles et conformes à une attente. Cela a été le cas de l'annonce prématurée de la fusion froide. Sous la pression des dangers quotidiens, les personnes simples ont tendance à voir ou croire ce qu'elles souhaitent ou redoutent, à entendre des voix et à avoir des visions, justifiant leurs espoirs ou craintes, telles les apparitions de la vierge à Fatima en 1917...[186], l'attente des extraterrestres ou d'un messie. Ce type de croyance procède de l'irrationnel.

Il faut aussi tenir compte des conditions initiales ou de contexte. Un fait peut être possible dans un contexte donné mais pas dans un autre. Une théorie ou un fait peuvent être vrais dans un endroit donné et faux dans un autre : par exemple, l'eau bout vers 100 °C à Paris, mais pas à La Paz où la pression atmosphérique avoisine les 510 hecto pascals et l'eau bout à cette altitude de 4000 m à 86 °C. Ainsi tout résultat expérimental dépend des conditions initiales et la science progresse justement en précisant, chaque fois plus, ces conditions.

3- Les effets des influences culturelles, du nombre et de la pression du groupe

La quantité des informations n'est pas garant de leurs qualités. Le fait qu'un grand nombre de personnes croient à une information, n'est pas la preuve de la validité de celle-ci, comme dans le cas des croyances religieuses. Nous naissons avec les préjugés provenant de notre milieu culturel. Nous pouvons avoir l'esprit faussé par un savoir limité, inconscient de la véracité ou de la fausseté de nos affirmations, sans qu'une seule fois le doute s'insinue dans notre esprit. Les informations quotidiennes sont données généralement par des agences de presse (Reuter, Havas...) ou par les médias, obnubilés par la primeur du scoop. Cette dernière peut engendrer des inexactitudes. Il faut alors se méfier des informations tronquées ou sorties du contexte,

---

[186] Prosper Alfaric, *Jésus a-t-il existé ?* Nouvelles éditions rationalistes, réédition Coda (PUF), 2005, avec introduction de Michel Onfray, 2005, page 256.

conduisant à se faire le relais d'informations erronées. Ce n'est pas parce que l'opinion publique « *hurle avec les loups* » que la majorité a raison.

Vers les années 1960 le savant ukrainien Deryagin avait cru découvrir un polymère de l'eau, l'expérience avait été refaite des dizaines de fois selon le protocole de Deryagin et le même phénomène avait était observé. Mais en 1970, il s'est avéré que cet isomère de l'eau n'existait pas et que l'on avait observé un complexe entre l'eau et la silice de formule SiO_2, 2 H_2O.

Des millions d'Égyptiens, de Babyloniens, puis de Grecs et de Romains, ont adopté pendant plusieurs millénaires des religions, adhéré à des conceptions du monde belles, cohérentes et achevées, alors que l'on sait maintenant que leurs visions du cosmos étaient fausses. De même, de nos jours, en Inde, plusieurs centaines de millions d'hindouistes se croient réincarnés, alors que rien ne justifie scientifiquement l'existence de la métempsycose.

4- Effet de non-spécificité réciproque

La non-affirmation de l'existence [ou de la non existence] d'un phénomène ne confirme pas nécessairement son existence. Par exemple, ce n'est pas parce qu'on manque de preuves pour justifier [ou infirmer] l'existence d'une vie extraterrestre qu'il faut admettre, comme certains exobiologistes, dont l'américain Carl Sagan (1930-1996), que l'« *absence of evidence is not evidence of absence* ».

5- Raisonnement analogique ou raisonnement par similitude

L'analogie n'est pas une preuve. Ce raisonnement intuitif peut être trompeur. Dans une tribu sud-africaine, à la pleine Lune, on suspendait à un arbre une outre remplie de lait parce que la tribu avait découvert qu'une vertu de guérison par le lait semblait liée à l'exposition de ce lait aux rayons de la lune. En fait, la véritable explication du phénomène tenait dans l'humidification par le lait de l'enveloppement extérieur de l'outre, ce qui contribuait au développement d'une certaine moisissure aux vertus bactéricides. Ce n'est donc pas la pleine lune qui développait les vertus médicinales de la préparation. Il existe aussi un autre type d'erreur de raisonnement, semblable à celui-ci, par analogie, comme dans le cas de l'homéopathie. En effet, dans celle-ci, si un produit ingéré à haute dose provoque des coliques, on suppose qu'à faible dose, en raison du postulat d'un hypothétique « *principe de similitude* », non vérifié scientifiquement, ce produit soignera les coliques.

Le principe des semblables règne partout dans les mythologies et les métaphysiques. On croit en général en la maxime « *qui se ressemble, s'assemble* ». Ce type de raisonnement par analogie intervient dans la pensée magique.

6- L'illusion de détenir la vérité

Il existe une illusion de l'esprit très puissante existant chez beaucoup de personnes, c'est celle de croire détenir la vérité, surtout lorsqu'elle est associée au sentiment d'être génial. La puissance de cette illusion est telle qu'elle peut pousser une personne à se croire persécutée chaque fois qu'elle est critiquée.

Certains « découvreurs », comme Messieurs Benveniste [187] ou Priore[188], se sont considérés comme de nouveaux Galilée[189], victimes de critiques injustifiées, car tout comme Galilée ils croyaient avoir fait une grande découverte qu'un pouvoir religieux, politique ou scientifique ne voulait pas admettre.

C'est ce que l'on nomme « *le syndrome de la victime injustement persécutée* ». Ces personnes se sentent d'autant plus persécutées qu'elles étaient persuadées de devenir célèbres et que, en général, la réfutation de leur doctrine a été brutale. Il est évident que toute nouvelle théorie doit être validée et que cela n'est possible que si les différentes hypothèses sont cohérentes et vérifiées. Il ne peut y avoir d'exception ou de passe-droit à cette règle déontologique et scientifique.

7- Glissement de sens ou effet métonymique[190]

---

[187] Benveniste, biologiste adepte de la doctrine farfelue de la mémoire de l'eau.

[188] Priore, ingénieur autodidacte qui croyait soigner les tumeurs cancéreuses par hyper fréquences.

[189] Laurent Puech, dans la revue *Science et pseudo-sciences,* mai 2003 et mars 2004, *et pseudo-sciences*, déc. 1999, p. 11-14.

[190] C'est comme la phrase bien connue de Platon : « *le temps est une image mobile de l'éternité* ». On peut admettre qu'un temps immobile, appelé « éternité », existe, mais en quoi le temps qui passe peut-il en être une image ? Un temps qui ne passe

C'est un procédé de langage par lequel on exprime un concept au moyen d'un terme désignant un autre concept, uni au précédent, par une relation nécessaire. Cet effet consiste à désigner une chose ou un objet par un mot qui se rapporte à la chose. Les sectes, dans leurs techniques de manipulation, détournent souvent le sens des mots afin de faire perdre leurs repères à leur « *victime* ».

Par exemple, le panneau sur lequel est écrit « *Essuyez vos pieds* » devant un paillasson, ici « *pieds* » désigne les semelles des chaussures et non les pieds.

La marche sur le feu : « *feu* », ici, désigne des braises.

En 1997, un empoisonnement a eu lieu avec du cyanure de potassium (poison violent) introduit dans de la Josacine (médicament utilisé pour la prévention et le traitement de germes bactériens). Lors du procès, les médias ont parlé du « *procès de la Josacine* » au lieu du procès d'un empoisonnement au cyanure de potassium[191].

Autre exemple : « *boire un verre* », c'est boire le contenu du verre.

8- Abus de sens ou abus sémantiques

C'est l'usage de connotation des mots utilisés, consciemment ou non, pour introduire une idée quelque peu différente de celle qu'ils prétendent représenter. OVNI : appellation impropre d'« *objet volant non identifié* » : on devrait dire PNI « *phénomène non identifié* ». En effet, certaines observations ne font pas intervenir d'objet, comme le cas des nuages lenticulaires surplombant les reliefs.

Combustion humaine spontanée : on devrait dire « *combustion lente des tissus adipeux chez l'homme après décès* ». Ce phénomène très rare a été observé sur des cadavres lors de débuts d'incendie dans des appartements. Après asphyxie de la personne et avec une chaleur localisée, la graisse des tissus se consume lentement[192].

---

pas, ce n'est pas du temps. Cette affirmation de Platon consiste à jouer sur les concepts.

[191] En fait, pour être encore plus rigoureux, on devrait plutôt parler du « *procès du beau-père de la fillette* ».

[192] Antoine Bagady, *Les combustions humaines*, Sciences et pseudo-sciences n° 253, Juillet 2002.

9- Effet de paresse intellectuelle ou d'indifférence

C'est donner la même importance à plusieurs phénomènes, par exemple dire que le PNB[193] en Inde est de 3 666 milliards de $, sans préciser que suivant les états de l'Inde, les PNB sont très différents et que dans un même état, les revenus sont disparates.

Croire que toutes les opinions se valent (par exemple que l'homéopathie marche aussi bien que l'allopathie), est le produit de la paresse intellectuelle et du manque d'effort pour approfondir ses connaissances scientifiques (c'est aussi le cas pour le créationnisme vis à vis du darwinisme).

10- Confusion entre corrélation et lien de causalité

La corrélation est la concomitance réciproque entre deux phénomènes sans qu'ils soient nécessairement liés, tandis que la causalité est le rapport entre une cause et l'effet qu'elle produit. Dire que l'effet suppose la cause est une inversion de la relation de la cause à effet. C'est un raisonnement à rebours. Ici, on prend la conclusion comme hypothèse pour démontrer la conclusion. C'est le type de raisonnement où l'on cherche à justifier une hypothèse.

La téléologie est l'exemple même du raisonnement à rebours. La téléologie est une doctrine philosophique affirmant ou prônant l'idée d'une finalité dans toute chose (en général dans toute chose naturelle), idée de finalité reprise par Hegel (1770-1831). Dans les exposés métaphysiques de Hegel, on trouve la phrase suivante :

> « *Les choses sont déterminées par leur aboutissement et non par leur origine, comme si leur moteur était à leur point d'arrivée et non à leur point de départ* ».

Or la science actuelle s'oppose plutôt, actuellement à cette idée de « *Fin en toutes choses* » et remet plutôt en cause l'idée de Teilhard de Chardin, selon laquelle la finalité de l'Évolution est l'homme. Par exemple, les croyants affirment que « *Dieu a créé l'homme* » mais pour les athées, on a inversé le lien de cause à effet, c'est l'homme qui a créé Dieu.

---

193 PNB : produit national brut.

Autre exemple, la densité d'un liquide dépend de sa température. A l'inverse, dire qu'une température dépend de la densité d'un liquide est par contre illogique. Dans un thermomètre à mercure, c'est la densité du mercure donc le volume qu'il occupe qui est fonction de la température, et permet ainsi de la mesurer.

Aristote, dans l'*Éthique à Nicomaque*, développe le principe de causalité pour en faire ressortir une finalité sous-jacente à la nature des choses[194]. Pour certains partisans de cette doctrine, c'est la fièvre qui provoquerait la présence du virus. Raisonnement illogique alors que l'on sait que c'est le virus de la grippe qui provoque la fièvre, du fait d'une réaction de défense de l'organisme.

Selon Ernest Kahane,

> « *Ces spéculations sont systématiquement métaphysiques, parce qu'elles sont étrangères à toute réalité observable et contraires à toute notre expérience scientifique, qui repose sur le déterminisme* »[195].

Ce type de raisonnement est souvent utilisé pour des intentions malhonnêtes. Dans le cas des douleurs, on confond souvent cause et effet. Des douleurs chroniques, tenaces, épuisantes, peuvent causer à la longue une dépression chez le patient (du fait que ni lui ni le corps médical ni aucun autre traitement n'arrivent à les résoudre). Or certains thérapeutes peuvent affirmer que c'est la dépression qui est la cause des douleurs et non l'inverse. La dépression peut effectivement être la cause de douleurs physiques. Et d'ailleurs on voit souvent, par exemple, les gens déprimés consulter des praticiens pour des maux de tête et des douleurs abdominales. La paresse intellectuelle conduirait alors à déduire rapidement que toute douleur d'origine inconnue, est causée par la dépression du patient.

11- Effet creux et prétentieux d'un discours

C'est la profondeur artificielle et ambiguë d'un message. Plus un discours est prétendument profond, plus il est profond dans le sens de

---

[194] La cause finale est une des quatre causes principales, selon Aristote. En Science, la seule explication valable se fait par la causalité. La finalité consiste à prêter aux objets les mêmes désirs qu'à l'homme, c'est ce qu'on appelle une explication anthropomorphique.

[195] Ernest Kahane, *Dictionnaire rationaliste,* Éditions de l'Union rationaliste, 1973.

la faiblesse de son contenu. Le plus souvent, il n'est pas exempt de pédantisme, d'obscurité et de complexité. Cela permet à beaucoup de personnes qui s'écoutent de se reconnaître et se croire géniales. Cet effet proche de la langue de bois, et souvent employé par des post-modernes comme l'ont dénoncé Alan Sokal et Jean Bricmont.

Certains discours sont à la limite de l'escroquerie intellectuelle et de la mystification. Citons par exemple Jacques Lacan (1975) :

> *« Dans cet espace de la jouissance, prendre quelque chose de borné, fermé, c'est un lieu, et en parler c'est une topologie. [...] De ce lieu de l'Autre, d'un sexe comme Autre, comme Autre absolu, que nous permet d'avancer le plus récent développement de la topologie ? J'avancerai ici le terme "compacité". Rien de plus compact qu'une faille, s'il est bien clair que l'intersection de tout ce qui s'y forme étant admise comme existante sur un nombre infini d'ensembles, il en résulte que l'intersection implique ce nombre infini. C'est la définition même de la compacité »*[196].

12- Erreurs dans les généralisations et le raisonnement inductif

Il faut se méfier aussi du raisonnement par induction (c'est-à-dire par généralisation à partir d'un cas particulier), raisonnement pouvant conduire à des généralisations outrancières. Par exemple, « tous les corbeaux ou corneilles, que nous voyons en Europe sont noirs ». On pourrait donc déduire que tous les corbeaux ou corneilles du monde entier sont noirs. Or il existe des corbeaux noirs et blancs en Afrique et noir et gris en Norvège. Par ailleurs, le pinson est en général gai et chanteur, mais pas toujours. Ce type de raisonnement procède de manière irrationnelle.

Actuellement les mots *holistique* et *gnose* sont un fourre-tout pour justifier l'idée d'une connaissance Universelle. Le problème est qu'en voulant avoir une vision trop globale de tout (*vision holistique*) et tout traiter, en voulant mettre « tout dans tout », on aboutit à un « fourre-tout », dénué de toute rigueur scientifique et de toute précision. C'est le cas de la « *médecine holistique* », qui a comme intention (certainement louable) de traiter en même temps l'âme et le corps. Une allégation ou un phénomène extraordinaire doivent être validés par un grand nombre d'expériences dont les résultats doivent être

---

[196] Robert Beauvais, *L'Hexagonal, tel qu'on le parle*, éditions Hachette, 1970.

conformes aux marges d'erreurs statistiques habituelles. Mais surtout, ces constatations doivent être concordantes entre elles.

Selon H. Broch,

« Plus un phénomène est extraordinaire, plus il demande à être vérifié par un plus grand nombre de preuves, plus qu'ordinaires ».

Comme nous l'avons déjà écrit, une hypothèse scientifique, même utopiste, bizarre, suspecte, peut, bien sûr, être étudiée (le monde scientifique n'est pas obtus) mais, dans tous les cas, elle doit toujours être vérifiée par des tests expérimentaux ou par des calculs rigoureux, conditions incontournables et obligatoires de son irréfutabilité.

Deuxième partie

Rationalité et épistémologie en mathématiques

Émergence historique, logique formelle, pensées probabiliste et statistique

Rationalité et épistémologie en mathématiques

Introduction

Le plan de cette deuxième partie est découpé en cinq chapitres :

- **Émergence des sciences mathématiques**
- **Logique mathématique et théorie des ensembles**
- **Pensée probabiliste et statistique**
- **Mesures et incertitudes en physique**
- **Phénomènes imprévisibles**

Certains chapitres, comme celui de logique formelle en mathématiques ou sur la statistique, demandent sans doute un effort de compréhension en première lecture. Mais tout lecteur un peu assidu sera récompensé par l'acquisition de nouvelles notions qui sont à la base du développement des sciences aujourd'hui.

Depuis Euclide, les mathématiques ont été nourries de la pensée logique et déductive, constituant l'outil nécessaire à la progression des connaissances scientifiques et économiques.

Déjà au XVIe siècle, Leonard de Vinci disait :

« *Ceux qui sont férus de pratique sans posséder la Science (prise dans le sens aristotélicien de philosophie naturelle), sont comme le pilote qui s'embarquerait sans timon ni boussole, ne sauraient pas où ils vont* ».

Depuis l'aube de l'histoire des mathématiques, tous les grands philosophes d'Aristote à Bachelard ont cherché à mieux comprendre la philosophie par un apport des mathématiques. Pour mieux comprendre la progression des connaissances mathématiques, nous avons rappelé leur émergence au cours des siècles.

Dans un premier temps, nous proposons au lecteur un aperçu sur l'émergence et les premières évolutions des concepts de base en mathématiques, car toute science digne de ce nom se réfère à ses objets abstraits et met en œuvre ses outils et ses résultats de plus en plus sophistiqués.

Si, comme Popper, nous admettons que toute théorie scientifique est réfutable, partiellement ou totalement, il n'en est pas de même pour un raisonnement mathématique logiquement bien mené, où la vérité est indiscutable dans le cadre théorique où elle s'inscrit.

L'exposé dans la première partie des types de raisonnements et du développement de la pensée logique nous a conduits à présenter et comparer différentes approches historiques de la logique, de celle de Gottfried Wilhelm Leibniz à celle d'Emmanuel Kant. Nous poursuivons ce parcours par le développement contemporain de la logique formelle et de la théorie des ensembles dont nous donnons une courte présentation.

Mais les raisonnements probabilistes et la statistique mathématique sont d'une autre nature et peuvent développer de nouvelles connaissances inaccessibles par des approches limitées à la logique bivalente. Par exemple, sans une connaissance des lois de probabilités et des outils de la statistique, il n'est pas possible de comprendre le phénomène de la radioactivité naturelle et la notion de demi-vie d'un radioélément. Nous leur avons donc réservé un chapitre un peu plus technique que les développements précédents en présentant sommairement les théories de l'estimation et de la théorie des tests d'hypothèses avec un paragraphe particulier sur la notion de risque.

De tout temps les mathématiques permettent, par le développement de modèles théoriques et par l'explicitation de protocoles expérimentaux de quantifier les grandeurs physiques. La mise en œuvre et l'exploitation de mesures expérimentales, supposent l'acquisition d'une certaine logique dans la gestion des erreurs et des approximations. Nous leur avons consacré quelques pages.

Certains phénomènes ne sont pas accessibles par les outils d'investigations scientifiques, car provenant d'un hasard non quantifiable ou échappant à toute puissance de calcul ou dépendant de conditions initiales trop sensibles. Nous avons voulu les évoquer très succinctement.

Chapitre I
Émergence des sciences mathématiques

Depuis Euclide les mathématiques ont été associées à la pensée logique et rationnelle et ont contribué au développement des sciences, donc de la connaissance. De nombreuses observations ont apporté la conviction que les lois de l'univers peuvent être décrites par des modèles mathématiques. Eugène Wigner soulignait « *la déraisonnable efficacité des mathématiques* »[197].

Selon Etienne Klein :

> *« L'efficacité d'une théorie mathématique peut aussi venir du fait qu'elle met en évidence des structures « explicatives ». Exemple : les théories de jauge par lesquelles on décrit aujourd'hui l'interaction électrofaible ne manifestent pas seulement leur efficacité par le fait qu'elles reproduisent les données recueillies auprès des détecteurs. Elles sont aussi et surtout efficaces parce qu'elles donnent un schéma expliquant la structure de cette interaction électrofaible en termes de symétries abstraites ».*[198]

C'est un constat qui nous renvoie à l'histoire de l'émergence des concepts mathématiques dont les objets abstraits fondamentaux ne sont pas nés ex-nihilo, mais en référence à des intuitions issues de l'observation de la réalité. Citons à cet égard Claude Bernard :

> *« Les principes ou les théories qui servent de base à une science quelle qu'elle soit, ne sont pas tombés du ciel ; il a fallu nécessairement y arriver par un raisonnement investigatif, inductif ou interrogatif, comme on voudra l'appeler. Il a fallu d'abord observer quelque chose qui se soit passé au-dedans ou au-dehors de nous »*[199].

---

[197] E. P. Wigner, *The Unreasonable Effectiveness of Mathematics in the Natural Sciences*, in Communications on Pure and Applied Mathematics. XIII (1960).

[198] Etienne Klein, *L'efficacité des mathématiques est-elle si « déraisonnable » ?* Forum de la théorie, 6-7 décembre 2005, Paris.

[199] Claude Bernard, *Introduction à l'étude de la médecine instrumentale*, Flammarion, 2010, p. 69.

Cette recherche constante des scientifiques pour ramener l'univers à un ensemble limité de lois simples a toujours été, jusqu'au vingtième siècle, une sorte de quête du Graal. Dans la pratique, on sait que des lois simples permettent de faire des vérifications réalisables. L'affirmation de l'existence de lois simples, à la base des autres lois, ne veut pas dire que l'univers, dans sa globalité, ne soit pas extrêmement complexe.

Il en découle qu'il est bon de se référer à l'histoire des mathématiques et des sciences physiques pour comprendre l'évolution de la pensée scientifique et du développement des sciences. Pensons à l'exemple de l'attraction universelle dont la loi ne peut être utilisée pour expliquer les mouvements des corps célestes sans faire appel à la notion de dérivée seconde, notion que Newton a pu dégager de son calcul des fluxions, motivé justement par cette étude.

Mathématiques dans l'Antiquité

Premiers documents mathématiques

Les mathématiques sont nées quand est apparue la nécessité de convaincre et de justifier par la raison des affirmations et des pratiques issues des activités de productions humaines, aussi bien dans le domaine numérique (relevés statistiques, échanges commerciaux…) que dans le domaine géométrique (partages de terres, constructions de bâtiments, confection d'objets…).

Ces activités sont attestées depuis plus de trois millénaires avant J. C. Les cités-États de Sumer nous ont laissé durant le troisième millénaire d'innombrables tablettes d'argile dont de nombreuses portaient des inscriptions d'activités numériques selon une numération de bases 10 et 60, allant jusqu'à la résolution de problèmes du second degré à finalités géométriques (arpentages).

L'Égypte ancienne nous a livré plus de 400 documents traitant de problèmes mathématiques. Le plus connu, avec le papyrus de Moscou, est le papyrus de Rhind (XVIe siècle av. J.-C.), rédigé par le scribe Ahmès, qui indique que son papyrus est, en partie, une copie de résultats plus anciens remontant au Moyen Empire (vers 2000 av. J. C.). Le papyrus de Rhind contient 87 problèmes résolus d'arithmétique, d'algèbre, de géométrie et d'arpentage. Il donne en particulier $\pi = 3{,}16$.

Les premiers mathématiciens grecs

Le premier mathématicien dont l'Histoire a retenu le nom est Thalès de Milet qui vivait au VIe siècle avant J.-C. Commerçant et ingénieur, ses voyages lui permirent de se former aux pratiques du calcul et de la géométrie des Égyptiens et des Babyloniens. On lui doit l'abstraction des objets de la géométrie en des objets parfaits sur lesquels des raisonnements généralisables peuvent opérer, comme par exemple pour la propriété de tout triangle rectangle d'être inscrit dans un demi-cercle.

Pythagore de Samos, né au VIe siècle av. J.-C. aurait, dit-on, bénéficié des enseignements de Thalès pour initier les mathématiciens, ceux qui, contrairement aux acousmaticiens, avaient le droit d'échanger paroles théoriques et abstraites dans une interprétation numérique du monde à l'origine de l'arithmétique. En particulier, les Pythagoriciens prétendaient donner du sens aux chiffres en fonction des lettres grecques utilisées pour les représenter.

Mais les conceptions sectaires et ésotériques des pythagoriciens ne pouvaient convenir aux nécessités du débat que la démocratie athénienne supposait dès le Ve et surtout au IVe siècle av. J.-C. Platon le philosophe athénien (427–347 av. J.-C.) enseignait que les politiciens armés de la pensée dialectique, devaient au préalable être rompus aux mathématiques - nul n'entre ici s'il n'est géomètre, avait-il fait inscrire au fronton de son Académie -, c'est-à-dire investis de la capacité de distinguer le monde sensible et corruptible du monde des Idées, celui dans lequel peuvent être développés les raisonnements qui mettent en œuvre des concepts abstraits et immuables.

C'est bien dans le monde des Idées qu'Euclide d'Alexandrie (v. 325-265 av. J.-C.), à l'orée du IIIe siècle av. J.-C., a rassemblé ses Éléments, œuvre fondatrice de la géométrie et de l'arithmétique pour des siècles. De grands problèmes des mathématiques naissantes, générateurs des progrès ultérieurs, sont en germe dans les Éléments. Mais surtout, la méthode démonstrative y est codifiée, ce qui a permis à Nicolas Bourbaki, mathématicien polycéphale du XXe siècle, d'écrire en préface à ses Éléments de mathématique : “ Depuis les Grecs, qui dit mathématique dit démonstration ”.

Pour sa part, Archimède (né à Syracuse, 287–212 av. J.-C.), peut-être le plus génial mathématicien de tous les temps, procédait d'une autre méthode, celle des ingénieurs qui, imaginant le fonctionnement de systèmes concrets - les miroirs, la vis, les leviers…- en tirent de nouvelles démarches de pensée et de nouveaux résultats théoriques.

L'œuvre d'Archimède est un point singulier dans l'histoire des mathématiques, tellement ses méthodes de résolution sont originales et en décalage avec son temps. Géomètre accompli, Archimède a su utiliser les propriétés des leviers pour établir des résultats comme le calcul des volumes des pyramides, cônes, sphères et cylindres. De ce fait, Archimède peut aussi être considéré comme le précurseur lointain de l'analyse infinitésimale. Ses travaux l'ont aussi conduit à son fameux principe : « *La poussée verticale de bas en haut exercée sur un corps plongé dans un liquide est égale au poids du volume de liquide déplacé* ».

L'héritage des mathématiques grecques

Au cours des cinq siècles de notre ère précédant le Moyen Âge, d'autres mathématiciens nous ont transmis les connaissances des Anciens en les développant, et leurs travaux ont été à la base des avancées classiques et modernes.

Citons par exemple l'astronome Claude Ptolémée (90–168) pour la trigonométrie léguée par Hipparque (IIe siècle av. J.-C.), promoteur dans l'Almageste de la cosmogonie géocentrique qui a si bien convenu au monde chrétien pendant plus de quinze siècles, avant d'être progressivement remplacée par le système héliocentrique de Nicolas Copernic (1473–1543).

Citons aussi Diophante (IIIe siècle), qui dans ses Arithmétiques prolongeait les Livres VII à IX des Éléments d'Euclide, pour résoudre des problèmes qui peuvent être considérés comme précurseurs de l'algèbre et de la théorie des nombres. On sait que Pierre de Fermat (1601–1665) s'en est largement inspiré au XVIIe siècle.

Citons enfin les résultats d'Apollonius de Perge (vers 262–190 av. J.-C.) sur les coniques, ingrédients pour la géométrie projective de Poncelet (1788–1867), ainsi que le géomètre grec Pappus d'Alexandrie (IVe siècle) pour la synthèse des œuvres d'Euclide, d'Archimède et de Claude Ptolémée.

Les origines de notre numération et du calcul numérique

Les précurseurs

Au cours des cinq siècles de notre ère précédant le Moyen Âge, d'autres mathématiciens nous ont transmis les connaissances des Anciens en les développant, et leurs travaux ont été à la base des avancées classiques et modernes.

Citons par exemple l'astronome Claude Ptolémée (90–168) pour la trigonométrie léguée par Hipparque (IIe siècle av. J.-C.), promoteur dans l'Almageste de la cosmogonie géocentrique qui a si bien convenu au monde chrétien pendant plus de quinze siècles, avant d'être progressivement remplacée par le système héliocentrique de Nicolas Copernic (1473–1543).

Citons aussi Diophante (IIIe siècle), qui dans ses Arithmétiques prolongeait les Livres VII à IX des Éléments d'Euclide, pour résoudre des problèmes qui peuvent être considérés comme précurseurs de l'algèbre et de la théorie des nombres. On sait que Pierre de Fermat (1601–1665) s'en est largement inspiré au XVIIe siècle.

Citons enfin les résultats d'Apollonius de Perge (vers 262–190 av. J.-C.) sur les coniques, ingrédients pour la géométrie projective de Poncelet (1788–1867), ainsi que le géomètre grec Pappus d'Alexandrie (IVe siècle) pour la synthèse des œuvres d'Euclide, d'Archimède et de Claude Ptolémée.

Les mathématiciens indiens

De traditions orales, les indiens communiquaient au moyen de poèmes en vers dans lesquels figuraient des nombres énoncés séquentiellement comme en lisant une abaque, indiquant d'abord les unités, puis les dizaines..., en une véritable numération orale de position. Ils disposaient donc d'un mot (*shûnya* en sanskrit) pour indiquer une colonne vide.

Les premiers chiffres apparaissent vers le troisième siècle avant notre ère et donnent lieu à de nombreuses représentations symboliques. Suivant l'évolution de l'écriture de la langue dominante (le sanskrit), les neuf chiffres représentant les premiers nombres furent codifiés vers le Ve siècle dans la notation Gupta.

En s'affinant, l'écriture Gupta a donné naissance vers le VIIe siècle au style Nâgarî[200] duquel proviennent nos dix chiffres actuels dits « arabo-indiens ». Le zéro fait son apparition à cette époque, comme dans la numération chinoise, d'abord un point puis un petit rond avant d'acquérir un statut de chiffre représentant une collection vide, puis une quantité nulle. Le zéro est mentionné comme nombre dans des opérations arithmétiques à la fin du VIe siècle.

Selon Georges Ifrah,

> *« Le terme privilégié de la désignation du zéro en sanskrit est « shûnya » qui signifie « vide ». Mais cette appellation n'a pas été inventée pour la numération décimale de position, car depuis l'antiquité, il était l'élément central d'une véritable philosophie mystique et religieuse érigée en mode de pensée et d'existence. C'est ainsi que le petit rond s'est rangé désormais à coté des neufs chiffres significatifs soumis au principe de la position décimale, pour signifier lui-même l'absence des unités d'un certain ordre, acquérant dès lors sa fonction d'opérateur arithmétique (à savoir que si on l'ajoute à la fin d'une représentation numérique, la valeur de celle-ci est alors multipliée par la base décimale)*[201].

Mais dès la fin du Ve siècle, Aryabhata (env. 476–550), un des plus grands mathématiciens et astronomes indiens, dressait des tables trigonométriques, donnait $\pi = 3,1416$, et traita d'équations en nombres entiers. Les Indiens développèrent une série de mots pour exprimer les très grands nombres, jusqu'à 10^{12}.

Le mathématicien le plus connu de cette époque fut Brahmagupta (598-env. 660). En 628, il donna les règles des opérations avec un zéro, défini comme la différence d'un nombre avec lui-même. Quand un zéro est additionné ou soustrait, cela ne change pas le résultat, et un nombre multiplié par zéro donne zéro. Utilisant les nombres négatifs, Brahmagupta donne la règle des signes. Les indiens introduisirent la notation fractionnaire et utilisèrent des irrationnels, notamment les racines carrées de 2 et de 3.

---

[200] Georges Ifrah, *Histoire universelle des chiffres*, Bouquins, tome 1, p. 850-852, Robert Laffont, 1994.
[201] Ibid.

D'après Georges Ifrah[202],

« Conceptuellement, ce sont les savants de l'Inde qui sont parvenus les premiers au stade d'une algèbre proprement abstraite. Sans doute pour la première fois de l'histoire, ils ont su en effet convertir leurs règles de calcul en des algorithmes potentiellement applicables à n'importe quelle grandeur, indépendamment donc des natures spécifiques mises en jeu. Ils ont élaboré des règles applicables à des nombres abstraits selon des propriétés et des méthodes où le zéro ainsi que les quantités négatives ont été considérés comme des nombres à part entière, et non plus regardés comme de simples conventions d'usage ».

Les mathématiques chinoises

L'empire du milieu ne communiquait pas et la plupart des manuscrits d'avant le Xe siècle ont disparu. Cependant, on a pu retrouver le livre de Liu Hui (IIIe siècle, « l'Euclide chinois ») contenant le calcul du volume d'une pyramide, la démonstration originale du théorème de Pythagore, l'approximation du nombre Pi = 3,1416. La fraction 355/113, approximative de Pi, est obtenue au Ve siècle (elle est donnée en Europe par Métius au XVIe siècle). Au IIIe siècle apparaît aussi le problème des restes chinois[203], présenté par Sun Zi, repris par Léonard de Pise dit Fibonacci au XIIe siècle, puis par Bachet de Méziriac au XVIe, Euler au XVIIIe et Gauss au XIXe siècle.

L'essentiel des ouvrages de mathématiques furent des livres d'enseignement (sous la dynastie des Tang, 618-907). Contrairement à l'Europe, les chinois utilisent les nombres négatifs dans leurs calculs pratiques dès le premier siècle de notre ère, notamment en suivant la règle des signes[204].

L'invention de la xylographie (technique de gravure sur bois permettant la reproduction d'images et de textes) au VIIe siècle a permis de conserver des livres dont le *Sutra du Diamant*, l'un des

[202] Georges Ifrah, *Histoire universelle des chiffres,* Robert Laffont, Bouquins, 1994, tome 2, p. 454.

[203] Trouver les nombres entiers dont les restes des divisions par certains nombres premiers sont donnés.

[204] J.-C. Martzloff, *La Chine, Le matin des mathématiciens*, Belin, 1985, p. 116.

grands textes du Bouddhisme, daté de 868. Ainsi en 1231 a été imprimé le livre de Qin Jiushao, réédition des *Neufs chapitres sur l'art mathématique*, ouvrage écrit pendant la dynastie des Han (206-220), dans lequel on trouve notamment la résolution de systèmes linéaires.

Le XIIIe siècle vit se généraliser le boulier chinois, héritier des abaques ancestrales, basé sur une numération décimale de position, chaque tige comprenant deux parties. Au XIIIe siècle, Ch'in Chiu-Shao calcule avec des nombres décimaux comportant jusqu'à 20 décimales, approxime des racines carrées et cubiques.

Depuis l'antiquité, les chinois ont eu recours au boulier pour effectuer des opérations d'addition, soustraction et multiplication. Il suffisait de connaitre la table de multiplication et d'addition de 1 à 9 pour un boulier à 6 tiges permettant des calculs jusqu'à 1000. Sur une tige d'un boulier chinois, chaque tige a une baguette perpendiculaire qui sépare les 5 boules de la partie inferieure des deux boules de la partie supérieure. Chacune des boules placées dans la partie inférieure a une valeur d'unité et les deux boules placées dans la partie supérieure ont une valeur de 5.

Cette configuration permet d'effectuer un grand nombre d'opérations en ramenant chaque boule concernée vers la barre transversale[205].

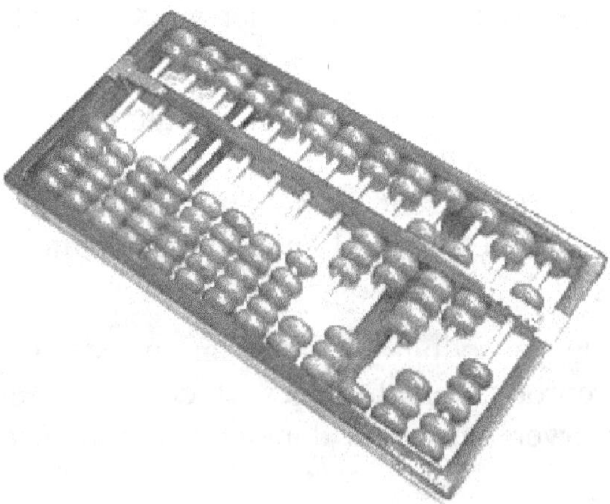

Un *suanpan*, boulier chinois utilisé en Chine.

---

[205] Georges Ifrah, *Histoire universelle des chiffres,* Robert Laffont, Bouquins, 1994, p. 850-851.

Le *zhusuan* est la méthode traditionnelle de calcul mathématique au moyen de ce boulier. Il permet de calculer en base 10 ; mais les deux boules quinaires de chaque tige permettent également de calculer en base 16, ce qui servait peut-être pour manipuler les unités de capacité chinoises. Son usage a été enseigné à Hong Kong jusqu'à la fin des années 1960, et jusque dans les années 1990 en République populaire de Chine, avant de reculer significativement au profit des calculatrices électroniques[206].

Les Chinois utilisaient les mathématiques du point de vue pratique, pour résoudre des problèmes du quotidien : peu de développements théoriques ni de démonstrations au sens de Grecs. Cela explique peut-être qu'après le XIIIe siècle et avant le XIXe, les mathématiques chinoises n'ont pas fait l'objet de nouvelles avancées, malgré quelques échanges avec les mathématiciens indiens et japonais. Par contre, leurs inventions techniques, comme celles du papier (attribuée à Cai Lun au premier siècle), de la poudre à canon (VIIe siècle), de l'imprimerie (xylographie au VIIe et caractères mobiles par Bi Sheng au XIe), de la boussole (XIe siècle) ont été historiques.

Les mathématiques arabo-musulmanes

Les écoles d'Ispahan et de Samarkande en Asie Centrale

C'est à Ispahan à l'époque de la dynastie Seldjoukide que se développa la géométrie par la critique des Éléments d'Euclide, notamment par Omar Al-Khayyam (1048–1123), un grand poète persan, qui a aussi traité des équations de degrés 2, 3 et 4. On doit à Omar Al-Khayyam une tentative de démonstration du cinquième Postulat d'Euclide sur l'unicité d'une droite passant par un point donné et parallèle à une droite donnée[207], à partir de la construction d'un rectangle. Cette « démonstration » a été suffisamment rigoureuse pour être à l'origine des recherches de Girolamo Saccheri (1667-1733) qui ont conduit aux géométries non euclidiennes élaborées par Janos Bolyai (1802–1860), Karl Friedrich Gauss (1777–1855) et Nikolaï Lobatchevski (1793–1856).

---

206 Jean-Claude Martzloff, *Histoire des mathématiques chinoises*, Paris, Masson, 1988, p. 197.

207 La formulation d'Euclide est plus subtile que celle-ci, équivalente, donnée par Playfair.

La dynastie Turco-moghol créée par Tamerlan verra éclore des bâtisseurs de génie qui maitriseront bien les arts, l'architecture et l'astronomie. C'est par leur bonne connaissance de la mesure et des calculs que l'on doit à ces bâtisseurs le TAJ MAHAL construit entre 1631 et 1644 à Agra, et ceci grâce aux tables trigonométriques d' Ulugh Beg. On doit à Al-Kashi (1380-1429) l'introduction des fractions décimales dans son livre *La Clé du calcul*[208].

L'héritage des mathématiques arabo-musulmanes

À l'orée du Moyen-Âge, les mathématiques du quadrivium aristotélicien (arithmétique, géométrie, astronomie, musique) étaient installées pour des siècles. Il revenait aux mathématiciens arabo-musulmans d'en conserver les textes et de les commenter en les enrichissant, pour que le monde occidental de la Renaissance puisse en hériter. On leur doit notamment :

- les nombreuses traductions et commentaires des Éléments d'Euclide et des textes d'Archimède, notamment par Thabit Ibn Qurra (v. 826–901),

- l'analyse combinatoire appliquée aux dénombrements avec Thabit Ibn Qurra et à la linguistique avec Al-Khalil Ibn Ahmad,

- la trigonométrie développée notamment par Aboul-Wafa (940–998),

- la numération décimale de position inventée par les Indiens du Ve siècle, adaptée et transmise à l'occident par les arabo-musulmans, dont le plus connu, Al-Khwarizmi (Bagdad, 780–850) avec son Livre de l'addition et de la soustraction d'après le calcul indien.

- Mais l'histoire retient surtout le nom d'Al-Khwarizmi pour sa classification des équations du second degré dans son *Abrégé* sous titré *Kitab al-jabr w'al muqabalah*, (*Abrégé du calcul par la restauration et la comparaison*) accompagnée de méthodes de résolution nouvelles, annonciatrices de l'algèbre.

L'importance de ces premiers pas en algèbre justifie que nous nous arrêtions quelque peu sur la personnalité et l'œuvre de leur auteur. Mohamed Ibn Musa Al-Khuwarizmi (généralement simplifié en Al-Khwarizmi), dit Al-Xorazmiy, est né à Khiva (Ouzbékistan actuel)

---

[208] Voir la page 112 sur les assassinats d'Ulug Begh et d'Al Kashi.

vers 783 et décédé à Bagdad vers 850. Il a été zoroastrien comme son nom l'indique. On le considère aujourd'hui comme un des fondateurs de la science et des mathématiques arabes. Il fut le premier savant persan à vivre à Bagdad au temps de la dynastie abbasside. À cette époque, le calife Al-Ma'mûn encourageait les sciences et les arts. Al-Khwarizmi fonda d'abord le premier observatoire astronomique et la Maison de la Sagesse selon la philosophie zoroastrienne. Dans cette Maison Al-Khwarizmi et ses collaborateurs traduisirent des textes philosophiques et scientifiques grecs ainsi que des textes sanscrits sur les mathématiques.

Al-Khwarizmi fut le premier à introduire dans les mathématiques arabes et persanes les 9 chiffres avec le zéro issus du sanskrit. On lui doit la résolution générale des équations du premier et du second degré (le mot algèbre vient de l'arabe al-jabr signifiant réduction, remise en place, restauration) ainsi que des ouvrages sur l'astronomie et la publication de tables trigonométriques. On lui doit encore le concept d'algorithme pour résoudre des problèmes mathématiques complexes. Le mot algorithme viendrait de son surnom grec Al-Xorazmiy, latinisé au Moyen Âge en Algoritmi.

Statue d'Al Xorazmiy érigée en 1983 à Khiva
(photo prise par Elie Volf en 2016)

Les mathématiques au Moyen-Âge occidental

Les contributions des arabo-musulmans au développement des connaissances mathématiques ont connu leur âge d'or du VIIIe au XIIIe siècle. Elles ont alors fait l'objet de traductions latines qui ont peu à peu pénétré en Europe, au-delà de l'Andalous. Les quelques savants du Moyen-Âge ont donc pu bénéficier de ces apports en les interprétant d'un point de vue nouveau. Citons par exemple :

- Le mathématicien français Gerber d'Aurillac (938–1003), devenu le pape de l'an 1000 sous le nom de Sylvestre II, se forma au contact des arabes du côté de Séville puis en Tunisie. Il tenta d'introduire en Europe le calcul par écrit mais il ne réussit pas à vaincre les résistances des abacistes qui voyaient derrière les chiffres « arabes » l'œuvre du diable[209].

- Les traductions de L'*Abrégé* d'Al-Khwarizmi par Gérard de Crémone (1114–1187), puis Robert de Chester (1141) et de celle de Guillaume de Lunis (XIIIe siècle) et la traduction du Livre complet d'Abu-Kamil (m. 930).

- Léonard de Pise dit Fibonacci (1175–1250), auteur d'un ouvrage de référence, *Liber abaci* (*Le livre des calculs* : 1202). C'est un traité sur les calculs et la comptabilité fondée sur le calcul décimal, à une époque où tout l'Occident utilisait encore les chiffres romains et calculait sur abaque. Fibonacci a été formé en Algérie au contact des mathématiciens arabo-musulmans. Il avait pu notamment étudier les travaux algébriques d'Al-Khwarizmi.

- Les nombreuses traductions des *Éléments d'Euclide*, notamment celle de Campanus de Novare (1220–1296), qui a conduit à la première édition imprimée par Ratdolt à Venise en 1482.

Le XIVe siècle en Europe occidentale a vécu deux catastrophes dévastatrices : la Peste noire qui tua plus du tiers de la population et les guerres de Cent ans et des Deux-Roses ont affaibli les pays où cependant l'on trouve les plus grands noms des mathématiciens de cette époque. Nous retiendrons celui de Nicole d'Oresme (1322-1382), qui par une étude approfondie de la théorie des proportions d'Euclide-Eudoxe a introduit une représentation graphique des fonctions, précurseur de la géométrie analytique de Descartes. Oresme écrivit en

---

[209] Ces chiffres dits arabes sont des chiffres sanskrits transmis en occident par les marins arabes.

français, encore langue populaire, concrète et pauvre en termes abstraits. Ainsi il a dû forger des mots nouveaux à partir du latin et en donne un lexique de plus de trois cent termes[210]. Pionnier également pour l'écriture symbolique, Oresme a introduit la notation exponentielle avec des exposants fractionnaires, mais buta sur la signification d'une puissance égale à $\sqrt{2}$. Il prit nettement position contre l'astrologie, alors « science » reconnue et enseignée à la Sorbonne. Cet enseignement fut supprimé par Colbert en 1682.

Les mathématiques de la Renaissance

La Renaissance italienne des Quattrocento (XVe siècle) et Cinquecento (XVIe siècle) a vu naître les mathématiciens les plus célèbres de cette période historique du renouveau scientifique. Nous la situerons entre l'invention de l'imprimerie que Johannes Gutenberg (v.1400-1468) achève de mettre au point entre 1450 et 1455, date de la livraison de la première Bible imprimée, et la condamnation au bûcher de Giordano Bruno en 1600, convaincu de la pluralité des mondes dans un Univers infini.

Parmi les précurseurs non italiens, on peut citer :

- Johann Müller dit Regiomontanus (1436-1476), né à Königsberg, qui traduisit les mathématiciens de l'Antiquité dont Apollonius, Héron, Archimède et Ptolémée. On lui doit notamment le premier exposé de trigonométrie plane et sphérique.

- Nicolas Chuquet (v.1450-1488), né à Paris, connu par son ouvrage *Triparty en la science des nombres* (écrit en 1484[211], mais imprimé en 1880) dans lequel il mentionne le chiffre zéro comme « *rien ou figure d'aucune valeur* ». Il utilise des nombres irrationnels dans les opérations arithmétiques et des exposants positifs et négatifs pour les puissances. Enfin, Chuquet développe une étude des équations algébriques et trouve dans certains cas des solutions imaginaires qu'il appelle « *nombres ineperibles* ».

Les mathématiciens italiens de la Renaissance héritèrent de l'œuvre majeure de Luca Pacioli (1445-1514), écrite en langue vernaculaire,

---

[210] Voir P. Dedron et J. Itard, *Mathématiques et mathématiciens,* Magnard, 1959, p. 152. On y trouvera une liste d'une cinquantaine de ces termes.

[211] Cet ouvrage de Nicolas Chuquet fut en partie recopié et publié en 1520 par un mathématicien, Etienne de la Roche.

Summa de arithmetica, geometria, proportioni et proportionalita (1494), une compilation de travaux antérieurs, dont l'algèbre de Al-Khwarizmi, de ceux de Fibonacci et de Nicolas Chuquet. Il publia aussi *De divina proportione* (le nombre d'or, 1505). Il est cité comme le père de la comptabilité, aidé en cela par Léonard de Vinci (1452-1519).

Les mathématiques italiennes de la Renaissance furent essentiellement marquées par les progrès de l'algèbre. Le plus spectaculaire fut réalisé par Nicolo Fontana dit Tartaglia (1499-1557) pour la résolution générale des équations du troisième degré, semble-t-il inspiré en cela par Scipione del Ferro (1465-1526) pour des cas particuliers. Il décrivit en 25 lignes sa méthode qui, dans les cas où il y a trois racines réelles non nulles, fait intervenir des racines carrées de nombres négatifs. Il revint à Rafael Bombelli (1526-1573) de codifier l'emploi de l'imaginaire $\sqrt{-1}$ dans les calculs algébriques, alors que Ludovico Ferrari (1522-1565), élève de Cardan, obtenait, à sa demande, la résolution des équations du quatrième degré.

La figure emblématique des mathématiques de la Renaissance italienne est sans conteste Girolamo Cardano (1501-1576), médecin, astrologue et professeur de mathématiques. Jérôme Cardan, joueur invétéré, est aussi connu pour avoir étudié les combinatoires dans des jeux de hasard afin d'optimiser les paris. Il est de ce fait considéré comme un des précurseurs du calcul des probabilités. Après de fortes pressions sur Tartaglia, il finit par obtenir le secret des équations du troisième degré qu'il s'empressa de publier dans son *Ars magna sive de regulis algebraicis* en 1545. Ce traité fut fondateur des nouvelles méthodes en algèbre.

Avec un certain retard, les mathématiciens français prolongèrent ces avancées, notamment avec François Viète (1540–1603), mathématicien et philosophe post-pyrhoniste, souvent désigné comme le père des mathématiques modernes, salué en ces termes par Fermat : « *ses admirables travaux en Mathématiques ont fourni de si heureux suppléments à la Géométrie ancienne*[212] ». Viète a été le premier mathématicien à noter les paramètres d'une équation par des symboles. Il conseilla à juste raison aux mathématiciens de ne pas perdre de temps à vouloir résoudre le problème de la quadrature du cercle.

---

[212] P. Dedron et J. Itard, *Mathématiques et mathématiciens,* Magnard, 1959, p. 173.

Dans son ouvrage, *Canon mathematicus* (1579), il exploita systématiquement dans ses calculs les nombres décimaux que Simon Stevin (1548-1620) vulgarisa dans *La Disme* (1585). En 1630, Viète publia *L'introduction en l'art analytique ou algèbre nouvelle*, dans lequel il décompose l'Analyse en trois parties : l'Analyse Zététique, l'Analyse Poristique, l'Analyse Exégétique ou Rhétique.

Du côté des britanniques, Robert Recorde (Pays de Galles, 1510-1558), médecin du roi Édouard VI, fut surtout connu comme pédagogue avec son traité *Grounde of Artes* (1541) écrit sous forme de dialogues pour la résolution de problèmes. Il publia en 1551 *Pathewaie to Knowledge*, reprenant une traduction des quatre premiers livres des *Éléments d'Euclide*. Pour sa part, John Napier (Ecossais, 1550-1617) est connu comme l'inventeur des logarithmes par comparaison de progressions arithmétique et géométrique, dans *Mirifici logarithmorum canonis descriptio* (1614), suivi de *Mirifici logarithmorum canonis constructio* (1619).

Les logarithmes de Napier étaient de base 1/e, peu pratiques. Reprise par Henry Briggs (1561-1630), cette invention fut développée avec des logarithmes de base 10, de logarithme égal à 1 par convention entre Napier et Briggs, lequel publia en 1617 la première table de logarithmes des nombres de 1 à 1000, calculés avec 14 décimales, puis en 1624 une table des logarithmes des nombres jusqu'à 100 000.

Les mathématiques et la physique du XVIe au XVIIe siècle

Développement de nouveaux outils mathématiques

Jusqu'au XVIIe siècle, la science et les mathématiques seront influencées par la philosophie naturelle et, en astronomie jusqu'à Newton, les idées seront contrôlées et censurées par le pouvoir religieux, notamment celles de Nicolas Copernic (1473–1543), de Giordano Bruno (1548-1600) et surtout de Galilée (1564–1642). Du XVIe au XVIIe siècle, les mathématiques s'enrichissent de nouveaux développements :

- La géométrie analytique, fondée par René Descartes (1596–1650), permit d'introduire les méthodes de l'algèbre pour résoudre des problèmes de géométrie, ce qui en retour a modifié fondamentalement les conceptions de l'espace. En optique, Descartes découvrit les lois sur la réfraction de la lumière dans des milieux continus.

- L'analyse naissante avec les indivisibles de Galilée et de Cavalieri (1598–1647) inspirés par la méthode d'exhaustion léguée par Archimède, puis le calcul infinitésimal issu des travaux de Blaise Pascal (1623–1662) qui put calculer des volumes complexes pour les appliquer aux problèmes de l'hydrodynamisme, de Jacques Bernoulli (1654–1705) et de son frère Jean (1667–1748).

L'analyse et ses applications en mécanique, en astronomie et en physique

Ces avancées ouvrirent la voie aux calculs des fluxions d'Isaac Newton (1642–1727) et au calcul différentiel et intégral de Gottfried Leibniz (1646–1716). Ce calcul est un outil fondamental pour la résolution des problèmes posés par les observations astronomiques issues des nouveaux instruments comme la lunette de Galilée, notamment celles de Tycho Brahé (1546–1601), exploitées par Johannes Kepler (1571–1630), ou par les problèmes de mécanique céleste et de physique liés aux applications des mathématiques aux besoins du commerce et de l'industrie en plein développement.

La loi de l'attraction universelle de Newton est sans doute le plus bel exemple de découverte reliant les mathématiques avec les observations ayant permis de dégager les trois lois de Kepler, dont le caractère elliptique des orbites des planètes.

Galilée est surtout connu pour ses travaux en mécanique et astronomie. En mécanique, il a posé les bases de la cinématique et de la dynamique. Il a dégagé le principe d'inertie et a étudié la composition de mouvements, ce qui lui a permis de découvrir les lois de la chute des corps à partir d'observations fines de l'accélération d'une bille sur un plan incliné et la forme parabolique de leurs trajectoires.

En astronomie, grâce à sa lunette, il a découvert les satellites de Jupiter et leur mouvement autour de leur planète, corroborant la théorie cosmogonique de Copernic. Son ouvrage de 1632, *dialogue sur les deux grands systèmes du monde*, a eu une grande importance historique, mais l'a conduit devant l'Inquisition.

Galilée, en mathématiques, a aussi produit des travaux inédits et remarquables sur les suites, sur certaines courbes géométriques, sur les infiniment petits.

Ainsi par la généralisation des mesures, en particulier du temps par l'isochronisme des petites oscillations du pendule, et la résistance des matériaux, Galilée est considéré depuis 1680 comme le fondateur de la physique moderne.

Toutes ces découvertes sont le produit d'une remise en cause des formes de rationalité héritées du passé.

Émergence du calcul des probabilités

Le XVIIe siècle a vu naître une toute nouvelle branche des mathématiques : le calcul des probabilités[213]. Cardan en fut un précurseur en publiant dans son *Liber de ludo aleae* des méthodes de calcul de répartition des gains dans les jeux de hasard[214].

De même Galilée, vers 1620, par un raisonnement très fin de combinatoire, sut résoudre le problème du Grand Duc de Toscane (comment parier sur la somme de trois dés).

La notion de probabilité apparaît dans la correspondance de 1654 entre Blaise Pascal (1623-1662) et Pierre de Fermat (1601-1665) au sujet du *problème des partis* alors encore non résolu (comment répartir les mises dans un jeu de hasard interrompu). Pascal peut alors annoncer à l'Académie Parisienne de Mathématiques une science « toute nouvelle » : la *géométrie du hasard.*[215]

Le premier opuscule de calcul des probabilité, *De ratiociniis in ludo aleae*, fut publié en 1657 par Christiaan Huygens (1629-1695) à la suite de ses relations avec Pascal[216].

---

[213] Cette émergence du calcul des probabilités est développée dans le chapitre III. Voir Hacking, Ian. *L'émergence de la probabilité*, 1ère éd. : *The emergence of probability*, Cambridge University Press, 1975, Le Seuil, Paris, 2002.

[214] Cardano, Gerolamo. *Opera Omnia*, vol. 1, Lyon, 1663. Traduction par Jean-Yves Boriaud, *La pensée scientifique de Cardan*, ed. Les Belles Lettres, Paris, 2012.

[215] Pascal, Blaise. Correspondance avec Fermat, *œuvres complètes* (1963a, pp. 43-49), París, le Seuil. *Adresse à l'illustre académie parisienne de mathématiques*, œuvres complètes, Jean Mesnard, ed. Desclée de Brouwer, Bibliothèque Européenne, édition du tricentenaire, volume I, (1623-1654), pp. 1021-1035.

[216] Huygens, Christiaan. *De ratiociniis in Ludo aleae*, *Du calcul dans les jeux de hasard*, La Haye, 1657, œuvres complètes 22, tome 14, 1888-1950.

Enfin, le lien entre la probabilité d'un événement posée a priori comme rapport des nombres de cas favorables et des cas possibles et la fréquence d'apparitions de cet événement observée sur de nombreuses expériences, est élucidé par Jaques Bernoulli dans son œuvre magistrale, *Ars Conjectandi*, dans laquelle la première démonstration de la loi des grands nombres est publiée (1713)[217].

Ce lien, repris au XVIIIe siècle par Abraham De Moivre (1667–1754) dans *The Doctrine of Chances* (1718 et 1756)[218], puis par Pierre-Simon Laplace (1749–1827) dans son *Traité analytique des probabilités* (1812), est fondamental pour le développement de la statistique mathématique, omniprésente dans toute science contemporaine et toute investigation industrielle et commerciale.

Les mathématiques au temps des Lumières

Des grands noms font partie du patrimoine mondial et sont des références pour les mathématiciens. Parmi eux, citons seulement :

- Leonhard Euler (1707–1783), génial et prolifique, la publication des ses écrits tiendrait en plusieurs dizaines de volumes. Il fit progresser les mathématiques dans de nombreux domaines, algèbre, théorie des nombres, géométrie, trigonométrie, analyse infinitésimale, théorie des fonctions… On lui doit la plus belle formule des mathématiques : $e^{i\pi} + 1 = 0$.

- Jean Le Rond d'Alembert (1717–1783), fut secrétaire de l'académie Royale des Sciences. Il collabora à l'*Encyclopédie ou Dictionnaire raisonné des sciences, des arts et des métiers*, dirigée par Denis Diderot (1714-1786), dont il rédigea les articles de mathématiques, d'astronomie et de physique[219]. Son théorème (*toute équation algébrique possède au moins une racine réelle ou imaginaire*) est resté célèbre.

---

[217] Bernoulli, Jakob. *Ars Conjectandi*, 4e partie. Traduit du latin par Norbert Meusnier, *Jacques Bernoulli et l'Ars Conjectandi*, IREM de Rouen, 1987.

[218] De Moivre, Abraham. *The Doctrine of Chances* (3e éd., 1756). New York, Chelsea, 2000.

[219] D'Alembert, Jean, Le Rond. *Article Probabilité, Encyclopédie Méthodique*, Mathématiques. Encyclopédie de Diderot et D'Alembert eds.

En analyse, d'Alembert a ouvert un nouveau champ de recherches avec l'étude du mouvement d'une corde vibrante, modélisé par une équation aux dérivées partielles dont il a pu donner la solution.

- Marie Jean Antoine Nicolas de Caritat, Marquis de Condorcet (1743-1794), élève de d'Alembert, est connu pour son *Arithmétique politique*, précurseur de la statistique moderne. En mathématiques, il a su clarifier la présentation du calcul des probabilités dans un Mémoire en cinq volumes[220].

Condorcet a contribué à l'Encyclopédie de Diderot et D'Alembert. Il s'est intéressé aux questions de l'éducation par la publication de *Mémoires sur l'instruction publique* et, peu avant sa mort tragique, a rédigé à l'intention des enfants un manuel : *Moyens d'apprendre à compter sûrement et avec facilité*.

- Joseph-Louis Lagrange (1736–1813) a laissé des traités fondamentaux en mécanique analytique, en théorie des fonctions et en mécanique des fluides. Il a aussi développé des travaux innovants en analyse (calcul des variations), en algèbre, probabilités, théorie des nombre et mécanique céleste.

- Pierre-Simon Laplace (1749-1827) a traversé la Révolution, marquant son époque par l'étendue de ses travaux et la profondeur de sa pensée mathématique. Sa contribution à la mécanique céleste porte sur l'origine et la stabilité du système solaire. En physique, son étude des fluides l'amène à découvrir les forces capillaires. En mathématiques, il a développé la résolution d'équations différentielles et des calculs d'intégrales. Mais nous retiendrons surtout son apport à la théorie des probabilités.

Dans son *Essai philosophique sur les probabilités*[221], il fonde cette théorie sur dix principes axiomatiques dont il développe les conséquences innovantes dans son ouvrage magistral : la *Théorie analytique des probabilités*[222].

---

[220] Condorcet Jean Nicolas de Caritat, Marquis de. *Elémens du calcul des probabilités et son application aux jeux de hasard, à la loterie et aux jugemens des hommes*. Avec un discours sur les avantages des mathématiques sociales, A Paris, chez Royez, libraire, An XIII.

[221] Laplace, Pierre-Simon. *Essai philosophique sur les probabilités,* 5e édition, 1825, ed. C. Bourgois, avec une préface de René Thom, Paris, 1986.

[222] Laplace, Pierre-Simon. *Théorie analytique des probabilités* (1re édition 1812, 3e édition 1820, O. C. tome 7). Réed. Jacques Gabay, Paris 1995.

On peut dire que par ses enchaînements rigoureux, Laplace a joué en probabilités le rôle qu'Euclide a joué 2000 ans plus tôt pour la géométrie.

Mathématiciens et physiciens aux XIXe et XXe siècles

Les XIXe et XXe siècles virent un développement foisonnant des théories de base en mathématiques et des connaissances fondamentales en physique. Nous nous limiterons à quelques indications succinctes.

Karl Friedrich Gauss (1777–1855), *le prince des mathématiciens*, est le plus représentatif de ces avancées. Dans le domaine des probabilités, il conçut une loi statistique continue, appelée *loi normale* ou *loi de Laplace-Gauss*, dont la répartition est représentée par la fameuse courbe en cloche. C'est aussi à *Gauss* que l'on doit les fondements de l'électrostatique et de l'électromagnétisme terrestre et induit en 1839.

Joseph Fourier (1768–1830), par sa décomposition des fonctions en séries de fonctions trigonométriques et par la transformation qui porte son nom, est à l'origine de nombreuses applications aux calculs fonctionnels qui seront fondamentales pour l'établissement des lois sur la propagation des ondes, elles conduiront notamment aux équations de Maxwell.

Les outils de l'analyse ont été rénovés et enrichis au XIXe siècle, notamment par Augustin-Louis Cauchy (1789–1857), Niels Abel (1802–1829), Bernhard Riemann (1826–1866).

La théorie des nombres avec Évariste Galois (1811–1832) et Richard Dedekind (1831–1916), la théorie des fonctions de la mesure et de l'intégration avec Émile Borel (1871–1956) et Henri Lebesgue (1875–1941) ont conduit à des contradictions ou incompréhensions en mathématiques classiques. Il devenait nécessaire de repenser leurs fondements.

Les contributions de David Hilbert (1862–1943), Georg Cantor (1845-1918), Kurt Gödel (1906–1978), entre autres, ont conduit aux « mathématiques modernes » synthétisées au milieu du XXe siècle par le groupe Nicolas Bourbaki.

Les applications en physique permirent de grandes découvertes et leurs applications industrielles. Ces grands progrès théoriques en mathématiques ouvrirent la voie aux nouvelles théories physiques comme celle de la relativité restreinte déjà bien avancée par Henri Poincaré (1854-1912) et élaborée en 1905 par Albert Einstein (1879-

1955), ainsi que celle de la relativité générale sans laquelle les GPS ne fonctionneraient pas, et de la physique quantique à la suite des travaux de Max Planck (1858-1947), d'Einstein, de Niels Bohr (1885-1962), de Louis De Broglie (1892-1987), et de Werner Heisenberg (1901-1976).

Sans qu'il soit possible de citer ici la plupart des grands mathématiciens et physiciens de ces deux siècles de progrès accélérés, évoquons seulement les apports fondamentaux de Andreï Kolmogorov (1903-1987) pour sa théorie moderne des probabilités et Laurent Schwartz (1915-2002) pour sa théorie des distributions.

Chapitre II
Logique formelle et théorie des ensembles

Émergence d'une logique mathématique

Les connaissances mathématiques sont par nature théoriques. Elles concernent des propriétés d'objets abstraits comme des nombres, des fonctions, des figures géométriques, des structures algébriques ou topologiques, etc. Ces objets et ces propriétés n'ont de sens qu'au sein de théories, souvent construites pour représenter des parts de réalité décrites par des processus de modélisation. Les *Éléments d'Euclide* ont été considérés durant des siècles comme le prototype de telles théories. Par 35 définitions, 6 demandes (ou *postulats*) et 9 notions communes (*axiomes des grandeurs*), Euclide fonde une géométrie dont les objets sont des figures idéales (la droite n'a pas d'épaisseur…) et les propriétés sont des relations entre ces objets qu'Euclide appelle *propositions* [223], dès lors qu'elles sont conséquences des définitions et des demandes selon un raisonnement logique.

Ces méthodes de raisonnements rationnels et les règles de la logique ont fait l'objet de nombreux travaux depuis Eudoxe et Aristote, dont le principal mérite est d'avoir montré dans sa Logique qu'il est possible de réduire tout raisonnement correct à l'application systématique d'un petit nombre de règles.

Déjà au treizième siècle, selon Émile Charles[224], pour Roger Bacon (1264-1294),

> *« Les mathématiques sont la porte et la clé des sciences et des choses de ce monde et donnent une connaissance certaine de celles-ci. En premier lieu, toutes les catégories dépendent d'une connaissance de la science dont traitent les mathématiques et, par conséquent, toute l'excellence de la logique dépend des mathématiques ».*

---

[223] Certaines ont été par la suite érigées en théorèmes, comme celui de Pythagore, ainsi dénommé par Proclus au 5ème siècle.

[224] Émile Charles, *Roger Bacon, sa vie ses ouvrages et ses doctrines*, librairie Hachette, Paris 1861, livre V.

Émile Charles ajoute :

> *« En mathématiques seulement comme l'a dit Averroès*[225] *dans le premier livre de la physique – les choses qui sont connues et celles qui sont dans la nature sont absolument les mêmes. C'est seulement en mathématiques que l'on trouve les démonstrations les plus convaincantes fondées sur les causes nécessaires ».*

Après le Moyen-Âge, de grands philosophes et mathématiciens comme Leibniz, dont les idées feront sortir la logique formelle de l'impasse scolastique, ont contribué au développement de la logique. Mais les fondements des théories mathématiques étaient encore mal assurés. David Hilbert (1862-1943) a montré qu'une théorie devait être construite à partir de *termes primitifs* qui ne relèvent d'aucune définition, comme le point, la droite et le plan en géométrie euclidienne (qu'il propose d'appeler table, chaise et bock de bière…) et de relations admises, les *axiomes*, entre ces objets. Ainsi Hilbert a pu réécrire une géométrie euclidienne débarrassée des ambiguïtés antérieures, en explicitant notamment les axiomes d'incidences comme par exemple l'existence de points de concours de deux figures se croisant.

Le développement d'une théorie relève de la mise en œuvre de règles logiques pour former de nouvelles propositions ou définir de nouveaux objets. Ces règles logiques constituent ce qu'on appelle la logique mathématique ou logique formelle, théorie fondée par George Boole (1815-1864) et développée notamment par Gottlob Frege (1848-1925) au début du XXe siècle. Cette théorie logique est aujourd'hui à la base des fondements des mathématiques, développés en théorie des ensembles. Ses règles y sont omniprésentes, bien que la plupart du temps elles soient passées sous silence, car trop abstraites. Le mathématicien polycéphale Nicolas Bourbaki (association de plusieurs grands mathématiciens français, fondée en 1935) s'était donné pour tâche de réécrire les mathématiques contemporaines à partir de ces fondements. Il débute ses Éléments de mathématique par un fascicule de logique formelle.

---

[225] Averroès *(1126-1198),* philosophe andalou.

Propositions et connecteurs

Les objets de la théorie logique sont des assemblages de lettres et de signes. Il y a deux signes fondamentaux appelés connecteurs logiques qui sont le *non*, noté $\neg$ pour la négation, et le *ou inclusif*, noté $\vee$, pour la disjonction logique. Les assemblages construits avec des lettres et des signes logiques sont appelés des *propositions*, notées R, S,...

Par exemple, en géométrie, si R = « *la figure ABCD est un rectangle* » et S = « *la figure ABCD est un losange* », la proposition $R \vee S$ exprime que « *la figure ABCD a deux axes de symétrie perpendiculaires* ».

Certains assemblages les plus utiles sont remplacés par des abréviations et définissent ainsi de nouveaux objets ou de nouveaux connecteurs. On en distingue particulièrement trois :

- le *et*, noté $\wedge$ pour la conjonction logique. $R \wedge S$ est l'abréviation de $\neg[(\neg R) \vee (\neg S)]$.

Dans l'exemple précédent, la proposition $R \wedge S$ exprime que « *la figure ABCD est un carré* ».

- le *si-alors*, noté $\Rightarrow$, pour l'implication. $R \Rightarrow S$ est l'abréviation de $S \vee \neg R$.

Dans l'exemple, cette implication est vraie si la figure ABCD est un carré, mais elle est vraie aussi quand elle est un losange ou quand elle n'est pas un rectangle.

- le *si et seulement si*, noté $\Leftrightarrow$, pour l'équivalence logique. $R \Leftrightarrow S$ est l'abréviation de $(R \Rightarrow S) \wedge (S \Rightarrow R)$.

On pourrait ajouter le *soit – soit*, noté Δ, pour le ou exclusif. $R \Delta S$ serait alors l'abréviation de $(R \wedge \neg S) \vee (S \wedge \neg R)$. Ce ou exclusif est implicite dans la formule « fromage ou dessert » dont l'ambiguïté est levée en écrivant : « fromage et pas de dessert ou dessert et pas de fromage ». Avec l'exemple précédent, $R \Delta S$ exprime que la figure ABCD est soit un rectangle soit un losange mais n'est pas un carré.

Certaines propositions dépendent de lettres variables, elles sont appelées *prédicats*. Celles qui n'en dépendent pas sont appelées *propositions*.

Calcul des propositions et principes de raisonnements

À une proposition est associée une valeur de vérité : vraie (V) ou fausse (F).

Dans une théorie mathématique, une proposition ne peut être vraie et fausse à la fois, c'est-à-dire contradictoire (c'est le principe de non contradiction). Sinon, on peut démontrer que toutes les propositions de cette théorie sont elles aussi contradictoires[226].

Le principe du tiers exclu qui affirme que dans une théorie donnée, toute proposition est soit vraie soit fausse, découle du principe de non contradiction.

Pour certaines propositions, il n'existe pas de démonstration leur donnant une valeur de vérité au sein d'une théorie. On dit qu'elles sont indécidables. L'attribution d'une valeur de vérité pour une telle proposition donne une nouvelle théorie. Par exemple, l'existence d'un cardinal strictement compris entre le cardinal des nombres entiers (le dénombrable) et le cardinal des nombres réels (le continu) est indécidable.

L'histoire des géométries non euclidiennes a montré que le Postulat des parallèles (par un point, passe une parallèle à une droite donnée et une seule) est indécidable dans une géométrie construite à partir seulement des cinq autres demandes.

Le calcul des propositions consiste à construire de nouvelles propositions intéressantes à partir de propositions données et des signes de la logique et de leur attribuer leur valeur de vérité. Les axiomes sont des propositions que l'on a distinguées pour leur capacité à bien construire la théorie logique. Ils sont vrais par définition et permettent de donner une valeur de vérité aux propositions construites avec des connecteurs logiques en application des deux règles suivantes :

(R1) Toute proposition obtenue par application d'un axiome est vraie.

(R2) Si R et S sont deux propositions, si les propositions R et $R \Rightarrow S$ sont vraies, alors S est vraie.

En effet, cela signifie que conjointement, R et $(S \vee \neg R)$ sont vraies, $\neg R$ étant fausse, S est nécessairement vraie. C'est le raisonnement par *modus ponens*.

Voici les quatre axiomes les plus simples qui justifient les raisonnements logiques de base :

---

[226] R. Godement, *cours d'algèbre*, Hermann 1963, p. 31.

(A1) Si R est une proposition, la proposition $(R \vee R) \Rightarrow R$ est vraie.

Il en découle que si $R \vee R$ est vraie, R est vraie.

(A2) Si R et S sont deux propositions, la proposition $R \Rightarrow R \vee S$ est vraie. Ainsi, si R est vraie, $R \vee S$ est vraie quelle que soit S, c'est bien le sens du mot « *ou* ».

(A3) Si R et S sont deux propositions, la proposition $R \vee S \Rightarrow S \vee R$ est vraie. Cela entraîne que $R \vee S$ est vraie dès que l'une au moins R ou S est vraie.

(A4) Si R, S et T sont des propositions, la proposition $(R \Rightarrow S) \Rightarrow [(R \vee T) \Rightarrow (S \vee T)]$ est vraie. Cela semble évident si on suppose que $R \Rightarrow S$ est vraie et que R est vraie.

En combinant ces axiomes, on obtient des théorèmes de logique. Ils s'appellent des tautologies. En voici des exemples essentiels pour les raisonnements logiques :

(T1) Si R, S et T sont des propositions, si $R \Rightarrow S$ et $S \Rightarrow T$ sont vraies, alors $R \Rightarrow T$ est vraie. C'est la transitivité de l'implication.

(T2) Si R est une proposition, alors la proposition $R \Rightarrow R$ est vraie.

Cela signifie que $R \vee \neg R$ est vraie (définition de l'implication). Mais cela n'entraîne pas le principe du tiers exclu, car R pourrait être indécidable.

(T3) Si R et S sont des propositions, alors les propositions $\neg(R \wedge S) \Leftrightarrow (\neg R \vee \neg S)$ et $\neg (R \vee S) \Leftrightarrow (\neg R \wedge \neg S)$ sont vraies.

(T4) Si R est une proposition, alors la proposition $R \Leftrightarrow \neg (\neg R)$ est vraie. C'est la double négation. Elle entraîne la règle de contraposition qui suit.

(T5) Si R et S sont des propositions, la proposition $(R \Rightarrow S) \Leftrightarrow (\neg S \Rightarrow \neg R)$ est vraie.

Cette équivalence est très pratique pour établir une implication. Elle provient directement de la définition de l'implication. En effet, on a $(R \Rightarrow S) \Leftrightarrow (S \vee \neg R)$ d'une part et

$(\neg S \Rightarrow \neg R) \Leftrightarrow \neg (R \vee \neg\neg S) \Leftrightarrow \neg (R \vee S) \Leftrightarrow (S \vee \neg R)$ d'après (T4) et (A3).

La double négation et le principe de non contradiction (qui se traduit par $\neg (R \wedge \neg R)$ est vrai) entraîne le principe du tiers exclu, en effet :

$\neg (R \wedge \neg R) \Leftrightarrow [(\neg R) \vee \neg \neg R)] \Leftrightarrow \neg (R) \vee R$ (tiers exclu).

Le raisonnement par l'absurde est justifié par ces règles : dans une théorie mathématique T supposée non contradictoire, on veut démontrer qu'une proposition R est vraie (théorème).

On ajoute $\neg R$ à T, et on suppose que $\neg R$ est vraie, ce qui donne une théorie T'. Si dans T', on peut trouver une contradiction (existence d'une proposition S telle que $(S \wedge \neg S)$ est vraie), on en déduit que $\neg R$ est fausse (principe de non contradiction) donc que R est vraie (principe du tiers exclu).

Une forme particulière de raisonnement par l'absurde est le raisonnement par contraposition : pour montrer qu'une proposition S est vraie, on suppose que $\neg S$ est vraie. Si l'on peut en déduire qu'une proposition $\neg R$ est vraie $(\neg S \Rightarrow \neg R)$ alors que R est vraie (contradiction), on rejette l'hypothèse et on conclut que S est vraie $(R \Rightarrow S)$.

(T6) Si R et S sont des propositions, les propositions $(R \wedge S) \Rightarrow R$ et $(R \wedge S) \Rightarrow S$ sont vraies. Il en découle que pour que $R \wedge S$ soit vraie, il faut et il suffit que R et S soient vraies. C'est le sens intuitif du « *et* ».

(T7) Si R, S et T sont des propositions, si $R \vee S$, $R \Rightarrow T$ et $S \Rightarrow T$ sont vraies, alors T est vraie. C'est le raisonnement par disjonction des cas. Par exemple, en prenant pour S la négation de R, pour montrer qu'une proposition T est vraie, il suffit de montrer qu'il existe une proposition R telle que $R \Rightarrow T$ et $\neg R \Rightarrow T$ sont vraies.

Ainsi, en application des axiomes, les propositions construites avec les connecteurs de base reçoivent les valeurs de vérité V ou F selon les tableaux suivants :

Négation ¬R	
R	¬R
V	F
F	V

Disjonction R ∨ S		
R	S	R ∨ S
V	V	V
V	F	V
F	V	V
F	F	F

Conjonction R ∧ S		
R	S	R ∧ S
V	V	V
V	F	F
F	V	F
F	F	F

Implication R⇒S		
R	S	R⇒S
V	V	V
V	F	F
F	V	V
F	F	V

Calcul des prédicats, quantificateurs

Un prédicat est une relation qui dépend d'une ou plusieurs lettres indéterminées (dites variables, notées x, y...). On le note habituellement R(x), R(x,y)...

Soit A un assemblage définissant un objet mathématique. En remplaçant x par A dans R(x), on obtient une proposition notée R(A). Les propriétés du calcul des propositions s'y appliquent. Si R(A) est vraie, on dit que A vérifie la relation R(x).

La plupart des énoncés en mathématiques, notamment les théorèmes, sont des prédicats car dans leur généralité, ils s'appliquent à un ensemble d'objets jouissant de propriétés communes qui rendent l'énoncé vrai. Deux questions particulières concernent un tel énoncé :

- Existe-t-il un objet qui, substitué à la variable dans cet énoncé, donne une proposition vraie ?

- Est-ce que tous les objets pris dans une collection considérée donnent des propositions vraies lorsqu'ils sont substitués à la variable de cet énoncé ?

Après la négation, la disjonction logique et la substitution, nous abordons ici un quatrième procédés pour former des relations : la quantification. En logique mathématique, il existe deux quantifications : la quantification existentielle introduite par le quantificateur noté $\exists$ (lire « il existe »), et la quantification universelle introduite par le quantificateur $\forall$ (lire « pour tout » ou « quel que soit »). Il nous faut donner les règles d'usage de ces quantificateurs.

Étant donné un prédicat R(x), on peut former une nouvelle proposition désignée par $\exists x$ [R(x)]. Lorsque la variation de x est limitée à un ensemble d'objets E, on obtient la quantification existentielle réduite : $\exists x \in$ E [R(x)]. Par exemple la proposition $\exists x \in \mathrm{R}\ [x^2 = 2]$ est vraie, par contre $\exists x \in \mathrm{N}\ [x^2 = 2]$ est fausse.

Le quantificateur universel est défini comme abréviation de la proposition $\neg$ ($\exists x$ $\neg$ [R(x)]), on le désigne par $\forall x$ [R(x)]. On obtient de même une quantification restreinte en limitant le domaine de variation de x. Par exemple $\forall x \in \mathrm{R}\ [x^2 + 1 \neq 0]$ exprime que l'équation $x^2 + 1 = 0$ n'a pas de racine dans R.

Voici des règles d'emploi des quantificateurs qui interviennent dans la plupart des démonstrations en mathématiques :

(R1) Si R est un prédicat et A un objet et si la proposition R(A) est vraie, alors la proposition $\exists x\ [R(x)]$ est vraie.

Ainsi, pour prouver qu'une affirmation existentielle est vraie, il suffit d'exhiber un objet qui la rende vraie. En mathématiques, on utilise un contre-exemple pour prouver qu'une affirmation générale est fausse.

Par exemple la proposition « *les nombres de Fermat de la forme* $2^{2^n}+1$ *sont des nombres premiers* », vérifiée pour $n = 0, 1, 2, 3$ et 4, est fausse car pour $n = 5$, on a :

$$2^{32} + 1 = 4\ 294\ 967\ 297 = 641 \times 6\ 700\ 417.$$

(R2) Si R est un prédicat et A un objet mathématique, alors la proposition

$$\forall x\ [R(x)] \Rightarrow R(A) \text{ est vraie.}$$

Cela signifie que si R est une proposition vraie pour tous les x, elle est vraie en particulier pour n'importe quel objet A.

(R3) Si R est un prédicat, la proposition

$$\neg\ (\exists x\ [R(x)]) \Leftrightarrow (\forall x \neg\ [R(x)]) \text{ est vraie.}$$

Cette règle indique comment écrire la négation d'une proposition existentielle. De même,

(R3') Si R est un prédicat, la proposition

$$\neg\ (\forall x\ [R(x)]) \Leftrightarrow (\exists x \neg\ [R(x)]) \text{ est vraie.}$$

On trouve souvent la faute logique disant que si « *tous les hommes sont mortels* » est faux, alors « *tous les hommes sont immortels* » est vrai, au lieu de « *il existe un homme immortel* » est vrai.

(R4) Si R et S sont des prédicats, la proposition

$$\forall x\ [R(x) \wedge S(x)] \Leftrightarrow \forall x\ [R(x)] \wedge \forall x\ [S(x)] \text{ est vraie.}$$

Ce qui semble évident, mais la proposition

$$\forall x\ [R(x) \vee S(x)] \Leftrightarrow \forall x\ [R(x)] \vee \forall x\ [S(x)] \text{ est fausse.}$$

Par exemple l'affirmation « tous les entiers sont pairs ou impairs » est vraie, mais « tous les entiers sont pairs », ainsi que « tous les entiers sont impairs », sont deux affirmations fausses et leur disjonction l'est aussi.

(R4') Si R et S sont des prédicats, la proposition

$$\exists x\ [R(x) \vee S(x)] \Leftrightarrow \exists x\ [R(x)] \vee \exists x\ [S(x)] \text{ est vraie.}$$

C'est aussi évident, mais $\exists x\ [R(x) \wedge S(x)] \Leftrightarrow \exists x\ [R(x)] \wedge \exists x\ [S(x)]$ est fausse. Par exemple il existe des nombres pairs et il existe des nombres impairs mais il n'existe pas des nombres à la fois pairs et impairs.

Enfin les règles suivantes sont largement utilisées en mathématiques pour des quantificateurs itérés :

(R5) Si R est un prédicat à deux variables distinctes x et y, alors les propositions suivantes sont vraies :

- $\neg\ [(\forall x)\ (\exists y)\ [R(x, y)]] \Leftrightarrow (\exists x)\ (\forall y) \neg\ [R(x, y)]$
- $(\forall x)\ (\forall y)\ [R(x, y)] \Leftrightarrow (\forall y)\ (\forall x)\ [R(x, y)]$
- $(\exists x)\ (\exists y)\ [R(x, y)] \Leftrightarrow (\exists y)\ (\exists x)\ [R(x, y)]$
- $(\exists x)\ (\forall y)\ [R(x, y)] \Rightarrow (\forall y)\ (\exists x)\ [R(x, y)]$

Mais la proposition $(\forall y)\ (\exists x)\ [R(x, y)] \Rightarrow (\exists x)\ (\forall y)\ [R(x, y)]$ est fausse. Par exemple, si $R(x, y)$ est le prédicat « *x est diviseur premier de l'entier y* », pour tout entier il existe un diviseur premier, mais un diviseur premier étant fixé, il ne divise pas tout entier.

Naissance de la théorie des ensembles

La théorie des ensembles est une théorie axiomatique qui a été développée au XXe siècle sur la base des travaux de Georg Cantor (1845-1918) et de Richard Dedekind (1831-1916). Cantor, dans une première approche « naïve », donnait cette définition : « *Par ensemble on entend un groupement en un tout d'objets bien distincts de notre intuition ou de notre pensée* »[227].

Cette « définition » ne permettait pas de lever les ambiguïtés ni les paradoxes apparus en analyse mathématique à la fin du XIXe siècle en théorie des fonctions concernant leurs comportements dans des séries infinies, ainsi que dans la considération des cardinaux transfinis. Par exemple, on peut considérer qu'il y a autant de nombres entiers que de nombres pairs, puisque la correspondance $n \rightarrow 2n$ est biunivoque entre ces deux ensembles. Le tout ne serait donc pas plus grand qu'une partie stricte ?

Dans cet exemple, on est amené à considérer l'ensemble des nombres entiers $\mathbb{N}$ comme une entité (infini actuel) et non plus comme

---

[227] Définition rapportée par N. Bourbaki, *Éléments d'histoire des mathématiques*, Hermann, 1960, p. 39.

une construction pas à pas d'un infini potentiel (axiomatique de Peano). Cette considération est nouvelle au XIXe siècle. Elle est introduite par Bernard Bolzano (1781-1848) et publiée en 1851. La théorie moderne des ensembles est due au génie de Cantor. Il publia ses travaux entre 1878 et 1884 dans lesquels il clarifie notamment les rapports entre le dénombrable et le continu en démontrant qu'il ne peut y avoir de bijection entre les ensembles $\mathbb{N}$ et $\mathbb{R}$.

Selon Bourbaki, dans le cadre des mathématiques modernes, tout objet mathématique est un ensemble (terme primitif) au sein d'une théorie construite à partir d'un système d'axiomes abstraits. L'élaboration de ce système au début du XXe siècle a donné lieu à des paradoxes ouvrant la crise des fondements des mathématiques qui, durant 30 ans, a menacé dans leur existence les avancées récentes.

Cantor, en 1899, avait noté que la considération de l'ensemble de tous les ensembles conduit à une contradiction (car l'ensemble de ses parties serait l'un de ces ensembles, et il lui serait équipotent). Sur ces considérations, le philosophe mathématicien Bertrand Russel (1872-1970) a montré en 1905 que « *l'ensemble des ensembles qui ne sont pas éléments d'eux-mêmes* » est contradictoire. Formellement, la proposition $(\exists E)\ [(x \notin x) \Rightarrow x \in E]$ est contradictoire. On illustre ce paradoxe avec l'histoire du barbier : dans un village le barbier rase tous les habitants qui ne se rasent pas eux-mêmes et uniquement ceux-là. Le barbier se rase-t-il ?

La théorie axiomatique des ensembles

La levée de ces paradoxes supposait la construction d'une théorie axiomatique. Initiée par Zermelo en 1908, reprise ensuite par Fraenkel, cette théorie notée Z F repose sur l'usage des règles de la logique formelle. Les mots « *ensemble* » et « *appartient* » sont des termes primitifs. Il y existe deux signes primitifs, = et $\in$. L'exposé des axiomes de cette théorie serait fastidieux[228]. Nous nous limitons à donner des propriétés essentielles.

La relation d'égalité A = B signifie que les lettres A et B désignent le même objet. Par exemple le même ensemble. En géométrie

---

[228] On peut se reporter à de nombreux manuels, par exemple celui de Jean-Louis Krivine, *Théorie axiomatique des ensembles*, Presses Universitaires de France, Paris, 1972.

classique, on dit que des triangles son « égaux » dès lors qu'ils ont leurs trois côtés de même longueur, chacun à chacun. Cette terminologie héritée des Éléments d'Euclide est impropre. Les triangles considérés sont différents mais isométriques.

On ne définit pas l'égalité, mais on l'utilise selon les règles suivantes :

- $\forall x\ (x = x)$. Réflexivité.
- $\forall (x, y)\ [(x = y) \Leftrightarrow (y = x)]$. Symétrie.
- $\forall (x, y, z)\ [((x = y) \wedge (y = z)) \Rightarrow (x = z)]$. Transitivité.
- Si u et v sont des objets, alors pour tout prédicat $R(x)$,

$$(u = v) \Rightarrow (R(u) \Leftrightarrow R(v))$$

Cette dernière règle signifie que deux objets égaux ont les mêmes propriétés. Elle fait partie des axiomes de la théorie des ensembles.

La relation d'appartenance peut être interprétée naïvement comme le fait pour un objet de faire partie d'une collection considérée comme un ensemble de tels objets. On obtient une proposition en écrivant $a \in E$, qui se lit : *a appartient à E*, ou *a est élément de E.* La négation de cette proposition s'écrit $a \notin E$. Un axiome régit l'utilisation du signe $\in$:

Si A et B sont deux ensembles, alors la proposition

$$(A = B) \Leftrightarrow [\forall x\ ((x \in A) \Leftrightarrow (x \in B))] \text{ est vraie.}$$

Si x est un objet, il existe un ensemble noté $\{x\}$ qui n'a que x comme élément, défini par $(y \in \{x\}) \Leftrightarrow (y = x)$. On l'appelle un *singleton.* De même si x et y sont deux objets distincts, il existe un ensemble noté $\{x, y\}$ n'ayant que x et y comme éléments. On l'appelle une *paire* (à ne pas confondre avec « *couple* » qui désigne une paire ordonnée).

L'existence de singletons et de paires constitués d'objets donnés découle des axiomes.

Ainsi de suite, on peut construire des ensembles finis à partir d'objets successivement donnés et distincts. Les ensembles qui ne peuvent pas être construits ainsi sont appelés ensembles infinis. Leur existence est un axiome de la théorie Z F. On peut aussi donner cet axiome sous la forme : « *Il existe un ensemble infini noté* $\mathbb{N}$ *dont les éléments sont les nombres entiers naturels* ».

Opérations ensemblistes

L'inclusion

A partir du signe $\in$, on introduit une abréviation : si A et B sont deux ensembles, on écrit $A \subset B$ quand $\forall x\ ((x \in A) \Rightarrow (x \in B))$ est vraie. Autrement dit quand tout élément de A est un élément de B. On dit que A *est inclus dans* B, ou que A *est une partie de* B. On l'écrit aussi $B \supset A$ et on dit B *contient* A. On a les propriétés suivantes :

- $[(A \subset B) \wedge (B \subset C)] \Rightarrow (A \subset C)$ (principe du syllogisme)
- $(A = B) \Leftrightarrow [(A \subset B) \wedge (B \subset A)]$ (condition d'égalité de deux ensembles)

Si $R(x)$ est un prédicat, pour tout ensemble E, il existe une partie A de E et une seule telle que $\forall x\ [(x \in A) \Leftrightarrow [(x \in E) \wedge R(x)]]$ est vraie. On dit que A *est l'ensemble des x de E qui vérifient* $R(x)$ et on note $A = \{x \in E \mid R(x)\}$. Cette existence découle des axiomes de la théorie des ensembles. Par exemple, si $R(x)$ est la relation « *divisible par* 2 » dans $\mathbb{N}$, A est l'ensemble des entiers pairs.

Réunion et intersection de deux parties

Soient A et B deux parties d'un ensemble E.

La réunion de A et B est notée $A \cup B$ et est définie par :

$$\forall x \in E\ [(x \in A \cup B) \Leftrightarrow ((x \in A) \vee (x \in B))].$$

L'intersection de A et B est notée $A \cap B$ et est définie par :

$$\forall x \in E\ [(x \in A \cap B) \Leftrightarrow ((x \in A) \wedge (x \in B))].$$

On peut ainsi faire un parallèle entre le calcul des propositions et les opérations ensemblistes.

Complémentaire d'une partie

En application de ce qui précède, une partie B d'un ensemble E étant donnée, soit le prédicat $R(x) = x \notin B$. La partie $A = \{x \in E \mid x \notin B\}$ est le *complémentaire* de B dans E. On note $A = E \setminus B$ ou $A = C_E\,B$.

On a les propriétés :

- Si M et N sont deux parties de E, on a $(M \subset N) \Leftrightarrow (E \setminus N \subset E \setminus M)$
- Pour toute partie M de E, on a $E \setminus (E \setminus M) = M$
- Si A et B sont deux parties de E, on a

$$(E \setminus (A \cup B)) = (E \setminus A) \cap (E \setminus B)$$

- Si A et B sont deux parties de E, on a

$$(E \setminus (A \cap B)) = (E \setminus A) \cup (E \setminus B)$$

On peut rapprocher ces deux dernières propriétés de la tautologie (T3) précédente. Ces propriétés sont connues sous le nom de *lois de Morgan.*

Ensemble vide et ensemble des parties d'un ensemble

Pour tout ensemble E, la partie E \ E ne contient aucun élément. On l'appelle la *partie vide*, notée $\varnothing$.

On a donc $(x \in \varnothing) \Leftrightarrow [(x \in E) \wedge (x \notin E)]$. En fait, $\varnothing$ ne dépend pas de E, c'est un ensemble unique, l'*ensemble vide*.

Soit E un ensemble. Il existe un ensemble et un seul, noté $\mathcal{P}$ (E), appelé « *ensemble des parties de* E », dont les éléments sont les parties de E : $(Y \in \mathcal{P}(E)) \Leftrightarrow (Y \subset E)$. Son existence est aussi un axiome de la théorie Z F. On a en particulier : $\varnothing \in \mathcal{P}(E)$ et $E \in \mathcal{P}(E)$. Cantor a démontré qu'il n'existe pas de bijection de E sur $\mathcal{P}$ (E). On dit que la puissance de $\mathcal{P}$ (E) est strictement supérieure à celle de E.

Quand E est un ensemble fini à n éléments (on écrit Card (E) = n), on peut voir que $\mathcal{P}$ (E) est un ensemble fini à 2^n éléments (Card ($\mathcal{P}$ (E)) = 2^n). Cantor a généralisé cette notion de cardinal aux ensembles infinis. Il a introduit la notation $\aleph_0$ pour le cardinal (transfini) de $\mathbb{N}$, appelé le cardinal du dénombrable. Ainsi, Cantor a établi que pour tout ensemble E, l'ensemble $\mathcal{P}$(E) a un cardinal strictement supérieur à celui de E.

Hypothèse du continu et axiome du choix

Le dénombrable et le continu

Cantor a montré que l'on peut définir une bijection de $\mathcal{P}$ ($\mathbb{N}$) sur $\mathbb{R}$ (à toute partie de l'ensemble des entiers $\mathbb{N}$, on peut faire correspondre un et un seul nombre réel et réciproquement). On dit que ces deux ensembles sont *équipotents* ou qu'ils ont le même cardinal transfini. Le cardinal de $\mathbb{R}$ est dit *continu.*

L'*hypothèse du continu* affirme qu'il n'y a pas de cardinal intermédiaire strict entre le dénombrable et le continu. Cantor a essayé vainement de la démontrer. On sait depuis qu'elle est indécidable. Les mathématiciens dans leur pratique admettent cette hypothèse, et la notation $\aleph_1 = \text{Card}(\mathbb{R})$.

L'axiome du choix

L'axiome du choix peut s'énoncer ainsi :

« *Soit E un ensemble d'ensembles non vides, il existe une fonction définie sur E qui à chaque ensemble élément de E associe un de ses éléments.* »

Autrement dit, un ensemble E d'ensembles E_i étant donné, on peut considérer un ensemble dont les éléments x_i sont choisis dans chacun des ensembles E_i.

Si E est un ensemble fini d'ensembles E_i, il est facile de construire une telle fonction de choix, dès lors que l'on sait spécifier un élément particulier dans chaque ensemble E_i. Cette possibilité est conséquence des axiomes de la théorie Z F. Sinon, l'existence d'une fonction de choix suppose la répétition infinie (dénombrable ou non) du choix d'un élément dans chacun des ensembles E_i éléments de E. Cette possibilité ne découle pas des axiomes de la théorie Z F dans laquelle l'axiome du choix est indécidable[229].

Cependant des propriétés intuitivement acceptables ne peuvent être obtenues qu'en supposant l'axiome du choix, comme par exemple le fait que le produit d'une famille d'ensembles non vides est non vide (ensemble dont les éléments sont formés d'un élément de chaque ensemble de la famille).

La théorie Z F à laquelle on a joint l'axiome du choix est désignée par Z F C. La plupart des mathématiciens l'utilisent sans réticence particulière. Mais certains, appelés constructivistes, n'admettent l'existence d'un objet mathématique que si l'on peut donner une méthode pour le construire effectivement. Ce n'est pas le cas des conséquences de l'axiome du choix.

---

[229] En 1938, Kurt Gödel a démontré que Z F + Axiome du Choix est une théorie cohérente si Z F l'est et en 1963, Paul Cohen a démontré que Z F + (non)AC est aussi une théorie cohérente si Z F l'est.

Les théorèmes de Gödel

Selon Jean Piaget :

> *« C'est en 1931 que Gödel a démontré l'impossibilité d'établir la non contradiction de l'arithmétique par ses propres moyens ou par des moyens plus faibles (logiques), la crise ainsi ouverte (qu'on appelle souvent la crise gödelienne) a donné lieu à une refonte des méthodes : d'une part, Gentzen put prouver la non contradiction de l'arithmétique classique, mais par des moyens plus « forts » (arithmétique transfinie) et, d'autre part la hiérarchisation des structures en fonction de leurs forces respectives ».*[230]

En fait, Gödel a établi deux théorèmes qui, en leur temps, ont décontenancé mathématiciens et philosophes. Le premier dit que si l'arithmétique (ou toute théorie axiomatique comprenant l'arithmétique, comme la théorie des ensembles par exemple) est non contradictoire, alors il y existe une proposition indécidable, c'est-à-dire qu'il n'existe pas de démonstration de sa vérité ni de sa fausseté. Le deuxième dit que la cohérence de l'arithmétique ne peut être démontrée à partir seulement de ses axiomes, c'est-à-dire que l'affirmation qu'il n'y existe pas de proposition contradictoire est indécidable.

Une interprétation du théorème de Gödel consiste à transposer cette impossibilité de tout démontrer au sein d'une théorie axiomatique non contradictoire, où les axiomes en nombre fini peuvent être tous énoncés, aux phénomènes faisant intervenir un très grand nombre de paramètres (tels que la météorologie), pour en déduire que toute prédiction est scientifiquement impossible. Ces phénomènes semblent purement aléatoires et chaotiques, alors qu'ils restent déterminés. Mais cet aspect chaotique n'est qu'apparent (voir les définitions de « chaos vrai » et de « faux chaos » ou « chaos déterministe » ci-après). Cette difficulté de prédiction de la science donne à certains la conviction que la science est fondamentalement impuissante devant certains phénomènes, qu'eux-mêmes expliquent alors d'une façon surnaturelle.

---

[230] Jean Piaget, *logique et connaissance scientifique*, sous la direction de Jean Piaget, La Pléiade, 2010.

Le théorème de Gödel a toujours opposé les mathématiciens aux philosophes sur la difficulté de prendre en considération un grand nombre d'axiomes pour justifier des certitudes. C'est-à-dire que, même avec un grand nombre d'évidences, on n'obtient jamais une certitude absolue[231]. Il en résulte qu'il faut un nombre infini de relations pour justifier certaines propositions. Ce principe est souvent employé à mauvais escient pour justifier de manière absolue le « *principe de précaution* ».

Jean-Pierre Changeux et Alain Connes[232], à propos du théorème de Gödel, disent qu'avec un nombre fini d'axiomes on ne peut avoir une réponse à tout[233]. Jean Bricmont donne une interprétation plus générale dans une réponse à Régis Debray[234] :

> *« Il existe des propositions arithmétiques vraies qui ne sont pas déductibles à partir d'un système d'axiomes donné, quel que soit ce système. Est-ce tellement surprenant ? À première vue peut-être, mais, à la réflexion, je n'en suis pas si sûr. Après tout, l'arithmétique comprend une infinité de propositions portant chacune sur une infinité de nombres ; pourquoi ces infinités devraient-elles se laisser engendrer mécaniquement à partir d'un nombre fini d'axiomes ? Je ne vois aucune raison de le penser, a priori, c'est-à-dire même sans connaître le théorème de Gödel ». ... « La démonstration de Gödel est très compliquée, son résultat a gêné beaucoup de mathématiciens et surtout de philosophes. C'est qu'il existe un grand nombre de propositions, déductibles des axiomes, mais que l'on n'arrive pas à démontrer parce que leur démonstration est trop compliquée »*[235].

---

231 Lucien Jerphagnon, *Histoire des grandes philosophies*, sous la direction de Lucien Jerphagnon, Éditions Privat, 1980.

232 Jean-Pierre Changeux et Alain Connes, *Matière à penser,* Odile Jacob, 1989.

233 Numéro spécial de *Pour la science* sur Gödel, août-novembre 2004. Et aussi *Pour la science* sur Gödel, *« Les chemins de la logique* », octobre 2005.

234 Jean Bricmont & Régis Debray, *À l'ombre des lumières*, éditions Odile Jacob, 2004.

235 Dans cet extrait, Jean Bricmont semble invoquer le théorème de Gödel pour expliquer qu'il est impossible d'obtenir certaines démonstrations en raison du trop grand nombre de propositions issues des axiomes, voire de leur infinité et de leur complexité. En fait, Gödel montre que la cause de cette impossibilité relève de leur indécidabilité.

Chapitre III
La pensée probabiliste et statistique

Le hasard

Initiée par la correspondance entre Blaise Pascal et Pierre de Fermat en 1654, la pensée probabiliste a fait en trois siècles des progrès fulgurants. Ce fut un changement radical dans le mode de pensée hérité de la logique d'Aristote et des logiciens qui lui ont succédé. En effet, le principe du tiers exclu ne convient pas aux spéculations sur des événements où le hasard intervient et où toute décision est entachée d'une probabilité de ne pas se tromper en la prenant.

Un des paradoxes de l'histoire de la pensée scientifique, est que depuis l'origine des temps les hommes se sont confrontés à des phénomènes de hasard, l'ont manipulé à des fins de divinations, ont même joué avec (les dés à 6 faces sont apparus à Babylone plus de trois millénaires av. J.-C.), alors que les premières notions de probabilité ne sont apparues que depuis quatre siècles.

La notion de hasard elle-même a fait l'objet de nombreuses interprétations et est encore perçue différemment suivant les individus. Chez les Anciens, citons d'abord Démocrite, vers 460 avant J.-C., qui inspira sans doute le titre de l'ouvrage de Jacques Monod : « *Tout ce qui existe dans l'Univers est fruit du Hasard et de la Nécessité* »[236].

La notion de hasard se dégage assez lentement de l'étude de la causalité et est définie par Aristote comme « *une cause accidentelle d'effets accessoires révélant l'apparence de la finalité* ». C'est la rencontre de séries causales indépendantes, que nous pouvons classer comme une approche objective de cette notion :

> « *Un premier point évident, c'est que, parmi les choses, les unes étant éternellement d'une manière uniforme et les autres étant d'une certaine façon dans la pluralité des cas, le hasard ni rien de ce qui vient du hasard, ne peut du tout être la cause ni des unes ni des autres. (...) Ainsi, les causes qui produisent les effets du hasard sont nécessairement indéterminées (...)* ».

---

[236] Charles Ruhla, *La Physique du Hasard - de Blaise Pascal à Niels Bohr*, coll. Liaisons Scientifiques, Hachette, 1989.

Mais Aristote précise que le hasard n'est présent que dans la mesure où on a intérêt à le remarquer[237]. Ce rapport entre hasard et contingence fait l'objet de la réflexion de Denis Diderot, qui ouvre son roman philosophique *Jacques le fataliste* (1796)[238] par ces questions :

« Comment s'étaient-ils rencontrés ? Par hasard, comme tout le monde. Comment s'appelaient-ils ? que vous importe ? D'où venaient-ils ? Du lieu le plus prochain. Où allaient-ils ? Est-ce que l'on sait où l'on va ? Que disaient-ils ? Le maître ne disait rien ; et Jacques disait que son capitaine disait que tout ce qui nous arrive de bien et de mal ici-bas était écrit là-haut ».

La pensée déterministe s'oppose à cette approche du hasard. Pierre-Simon Laplace en a fait un principe :

« *Les événements actuels ont avec les précédents une liaison fondée sur le principe évident, qu'une chose ne peut pas commencer d'être, sans une cause qui la produise* »[239].

Une recherche de définition du « hasard » repose d'abord sur l'affirmation de la validité universelle du principe de causalité, comme l'affirme Antoine Augustin Cournot[240] en 1843 :

« *Aucun phénomène ou événement n'est produit sans cause: c'est là le principe souverain et régulateur de la raison humaine, dans l'investigation des faits réels...* ».

Puis Cournot reprend le point de vue d'Aristote :

« *Les événements amenés par la combinaison ou la rencontre de phénomènes qui appartiennent à des séries indépendantes, dans l'ordre de la causalité, sont ce qu'on nomme des événements fortuits ou des résultats du hasard* ».

---

[237] Cf. Le concept de hasard dans *Le hasard aujourd'hui*, ouvrage coordonné par Émile Noël, Éditions du Seuil, Points Sciences n°69, 1991.

[238] Denis Diderot, *Jacques le fataliste,* Le livre de poche, 1991.

[239] Pierre-Simon Laplace, Essai philosophique sur les probabilités, Bourgois éditeur, p. 32, 1986.

[240] Antoine-Augustin Cournot, *Exposition de la théorie des chances et des probabilités*, Paris, Hachette, 1984.

Mais, avec Henri Poincaré (1854-1912), le XXe siècle apporte un point de vue nouveau et efficace. Poincaré met d'abord en doute l'interprétation de Laplace[241] : « *Il faut donc bien que le hasard soit autre chose que le nom que nous donnons à notre ignorance* », puis il propose cette définition :

> « *Une cause très petite, qui nous échappe, détermine un effet considérable que nous ne pouvons pas ne pas voir, et alors nous disons que cet effet est dû au hasard... Si nous connaissions exactement les lois de la nature et la situation de l'univers à l'instant initial, nous pourrions prédire exactement la situation de ce même univers à un instant ultérieur. Mais, lors même que les lois naturelles n'auraient plus de secret pour nous, nous ne pourrions connaître la situation qu'approximativement... il peut arriver que de petites différences dans les conditions initiales en engendrent de très grandes dans les phénomènes finaux... La prédiction devient impossible et nous avons le phénomène fortuit* ».

La querelle du déterminisme, relancée par les incertitudes fondamentales de la physique quantique, est loin d'être close.

Citons pour achever cette brève présentation du hasard, le point de vue de Jacques Harthong[242] :

> « *La phrase célèbre de Laplace* [243] *est le manifeste du déterminisme, rien n'est aléatoire, tout est rigoureusement déterminé, mais souvent le développement déterministe d'un processus est tellement chaotique que nous ne pouvons rien calculer et que seules des probabilités peuvent être calculées... L'affirmation de Laplace n'a jamais été démentie depuis, puisque là où elle pourrait l'être nous sommes ignorants.*

---

[241] Henri Poincaré, *Calcul des probabilités*, Gauthier Villars, 1912. Réédition Jacques Gabay, 1987.

[242] Jacques Harthong, *Probabilités et statistiques, de l'intuition aux applications*, Diderot éditeur, 1996.

[243] "*... Nous devons donc envisager l'état présent de l'univers comme l'effet de son état antérieur, et comme la cause de celui qui va suivre.* ", Pierre-Simon Laplace, Essai philosophique sur les probabilités, Bourgois éditeur, p. 32, 1986.

Avec la Mécanique quantique, nous ne savons pas d'où provient le hasard qu'elle postule... Mais pourquoi le déterminisme serait-il moins mystérieux que le hasard ?
Aujourd'hui on appelle chaos déterministe le mécanisme par lequel, comme l'entendait Laplace, le déterminisme se transforme en hasard. Mais il faut aussitôt ajouter que le déterminisme aussi peut être l'effet du hasard, par l'intermédiaire de la loi des grands nombres. De sorte que, du déterminisme ou du hasard, chacun peut être la cause première de l'autre ».

Qu'en conclure ? L'idée de hasard ne se laisse pas enfermer dans une définition. Rencontre de causes indépendantes ? Fruit de la contingence ? Reflet de notre ignorance ? Sensibilité d'un système ? Indéterminisme fondamental ? Un même concept peut-il englober tout cela ?

Cependant, la maîtrise du hasard s'exprime par la probabilité. Mais celle-ci a-t-elle un sens pour un événement unique ? Le hasard quantifiable est repérable par ses effets et reproductible. Harthong l'identifie à l'équiprobabilité, choix aveugle entre différentes issues autant possibles les unes que les autres :

« La caractéristique du pur hasard est l'équiprobabilité... on ne parlera de hasard que si la fréquence est distribuée uniformément, car c'est là même le sens du mot hasard ».

Pour Andreï Kolmogorov (1903-1987)[244],

« Le concept même de la probabilité mathématique serait sans utilité s'il ne trouvait sa concrétisation dans la fréquence de l'événement. »[245]

La loi des grands nombres en fait le lien quand on peut répéter une même expérience aléatoire. Plutôt que le « *hasard* », la probabilité quantifie le « *choix au hasard* » dans une population et devient opératoire quand ce choix peut être reproduit dans des conditions identiques.

---

[244] Kolmogorov, Andrei. *Foundations of probability's calculation*, Chelsea Publishing Company, New York, 1950. Ouvrage original, Grundbegriffe der wahrscheinlichkeitsrechnung, publié en 1933.

[245] Andreï Kolmogorov & Boris Gnedenko, *Limit distributions for sums of independent random variables,* ed. Addison Wesley, 1954.

Ainsi la pensée probabiliste émerge historiquement[246] en se libérant des tabous métaphysiques qui interdisaient de spéculer sur l'avenir, entièrement dévolu au Créateur Suprême qu'invoquait Jacques Bernoulli.

Émergence de la pensée probabiliste

Les jeux de hasard sont aussi vieux que la civilisation : on jouait aussi avec les mêmes dés que nous à Babylone, avec des astragales (os de moutons) à Rome, le jeu de *Sénet* des égyptiens n'avait rien à envier à notre jeu de l'oie. Les jeux de hasard étaient si répandus et ruineux dans la Rome antique qu'ils furent interdits. Cependant, l'idée d'un avenir totalement incertain ne permettait pas aux joueurs de théoriser leurs observations fréquentistes.

On peut pourtant déceler dans un ancien poème du moyen âge une première exploitation d'une combinatoire sur les issues possibles d'un jeu de dés pour conseiller les joueurs. Il s'agit de *De Vetula*, relatant les aventures d'Ovide[247]. Ce poème daté d'environ 1260, est attribué à Richard de Fournival (1201 - 1260), chancelier du chapitre de la cathédrale Notre-Dame d'Amiens. Le poème décrit un jeu de dé très rependu à l'époque, *le jeu de passe-dix* : on lance trois dés et on compte la somme des points obtenus. Pour chaque total considéré, le poème dénombre les différentes configurations observables et les associe aux possibilités de les obtenir. L'auteur précise que ces valeurs calculées peuvent contribuer à faire de bons paris.

Ce problème est exactement celui qui avait été soumis à Galilée vers 1620 par le Grand Duc de Toscane : pourquoi la pratique des joueurs indique qu'il est plus favorable de parier (27 contre 25) sur un total de points de 10 ou 11 plutôt que 9 ou 12, alors qu'on obtient chacune de ces 4 sommes avec autant de configurations (6) ? Galilée conclut son étude (qui ne sera publiée qu'en 1718) par la recommandation[248] :

---

[246] Hacking, Ian. *L'émergence de la probabilité*, 1ère éd. : *The emergence of probability*, Cambridge University Press, 1975, Le Seuil, Paris, 2002.

[247] Rapporté par D. R. Bellhouse, *De Vetula, a medieval manuscript containing probability calculations,* International Statistical Review, vol. 68, n° 2, août 2000.

[248] Galilei Galileo, *Considerazione sopra il giuco dei dadi*, Considérations sur le jeu de dés, dans *Le Opere de Galileo Galilei*, Firenze, 1855, vol. XIV, p. 293-316.

« Et à partir de cette table, toute personne qui s'entend au jeu pourra mesurer très exactement tous les avantages, pour minimes qu'ils soient, des parties de dés, des tournois et de toute autre règle particulière que l'on observe dans le jeu ».

En proposant aux joueurs de « *mesurer* » leurs chances de gagner, Galilée est à deux doigts de concevoir la probabilité, sans doute encore inexprimable.

Déjà Jérôme Cardan avait fait les calculs de combinatoire pour certains jeux de dés afin de conseiller les joueurs. Mais son livre *Liber de ludo aleae*, écrit entre 1526 et 1560, ne fut publié qu'en 1663[249].

Ces précurseurs, en pensant contrôler les hasards des jeux futurs, faisaient preuve de hardiesse dans les idées. Mais, et ce n'est pas par hasard, elles n'ont pas été publiées de leur vivant.

C'est un autre problème, le *problème des partis*, qui va être à la source de la fameuse correspondance de 1654 entre Pascal et Fermat, acte de naissance de la pensée probabiliste, comme le souligne Laplace dans son essai philosophique[250] :

« Depuis longtemps on a déterminé dans les jeux les plus simples les rapports des chances favorables ou contraires aux joueurs les enjeux et les paris étaient réglés d'après ces rapports. Mais personne, avant Pascal et Fermat, n'avait donné des principes et des méthodes pour soumettre cet objet au calcul, et n'avait résolu des questions de ce genre un peu compliquées. C'est donc à ces deux grands géomètres qu'il faut rapporter les premiers éléments de la science des probabilités ».

Ce problème soumis à Pascal par le Chevalier de Mérée est connu sous le nom de *problème des partis*, c'est-à-dire de la répartition des mises dans un jeu de hasard interrompu. Il est résolu dans la lettre de Pascal à Fermat de juillet 1654[251].

---

[249] Gerolamo Cardano, *Opera Omnia*, vol. 1, Lyon 1663. Cf. Jean-François Pichard : *Les probabilités au tournant du 18ème siècle*, dans *Autour de la modélisation en probabilités*, ed. PUFC, 2001, p. 13-46.

[250] Au début de la notice historique qui clôt l'Essai philosophique, p. 197 dans l'édition de C. Bourgois, 1986.

[251] Pascal : Œuvres complètes, éd. Du Seuil, 1963.

Il y considère un jeu de « pile ou face », le gagnant est celui qui atteint le premier le nombre de parties convenu, trois en l'occurrence. Mais le jeu est interrompu au moment où l'un des deux joueurs en a gagné deux et l'autre une seule. Comment répartir les mises ?

La méthode de Pascal est originale. Elle fait appel à l'idée d'espérance de gain. La démarche de Fermat est bien différente. Il imagine que le jeu continue par des « parties feintes » pour atteindre le nombre de lancers nécessaires pour déterminer un gagnant. Il dénombre alors les suites possibles de résultats favorables à l'un et à l'autre et répartit l'enjeu proportionnellement.

Pascal a rapidement compris l'importance de cette découverte. Voici un extrait de l'*Adresse à l'illustre Académie parisienne de mathématiques* (novembre 1654), dans laquelle il annonce :

> *« ... Une recherche toute nouvelle et portant sur une matière entièrement inexplorée, savoir sur les combinaisons du hasard dans les jeux qui lui sont soumis... par l'union ainsi réalisée entre les démonstrations des mathématiques et l'incertitude du hasard, et par la conciliation entre les contraires apparents, [cette recherche] peut tirer son nom de part et d'autre et s'arroger à bon droit ce titre étonnant : Géométrie du hasard. ».*

Pourquoi les solutions de Pascal et Fermat qui nous paraissent si élémentaires, n'ont-elles pas été avancées plus tôt, alors que ce problème de la répartition d'un enjeu dans un contexte hasardeux est très ancien (il concerne d'une certaine manière des problèmes d'assurances) ?

Les différentes solutions précédentes ont en commun qu'elles reposent uniquement sur les gains déjà obtenus, sans préjuger de ce qui pourrait arriver si le jeu continuait. C'est précisément ce que Pascal et Fermat se sont permis, malgré la contestation de Roberval : est-il possible, est-il autorisé, de spéculer sur les événements à venir dans un contexte où le hasard intervient, de quantifier les « chances » de telle ou telle issue ?

Jusqu'à cette correspondance de l'été 1654 entre Pascal et Fermat, les mathématiciens ne pouvaient raisonner que par rapport aux événements passés, sans pouvoir imaginer ce que l'avenir pouvait réserver. En effet, dans une pensée dogmatique, le hasard et les destinées appartiennent à Dieu et les hommes n'en peuvent rien dire.

Blaise Pascal (janséniste de Port Royal) et Pierre de Fermat se sont libérés de ce poids et ont pu spéculer sur la suite des événements issus de situations où le hasard intervient. C'était la condition pour imaginer ce qui allait devenir le calcul des probabilités, dont l'acte de naissance est si bien inscrit dans l'*Adresse* de Pascal à l'*Académie parisienne de mathématiques*.

Premières définitions en calcul des probabilités

À la suite des premières intuitions de Pascal et Fermat, Christiaan Huygens publia en 1657 le premier opuscule introduisant ce nouveau calcul[252]. Le concept de probabilité y est implicite :

> « *Quoique dans les jeux de hasard pur les résultats soient incertains, la chance qu'un joueur a de gagner ou de perdre a cependant une valeur déterminée* ».

Fidèle à Pascal, Huygens lui préfère celui d'espérance mathématique comme source du nouveau calcul :

> « *Avoir p chances d'obtenir a et q chances d'obtenir b, les chances étant équivalentes, me vaut* $\frac{pa+qb}{p+q}$ ».

Le mot *probabilité* y est encore absent. Il apparaît en 1662 dans *La logique ou l'art de penser* d'Antoine Arnauld et Pierre Nicole[253], amis de Pascal. Dans la foulée, Leibniz, encore lui, soulignera l'importance de poursuivre les travaux en probabilités[254] :

> « *J'ai dit plus d'une fois qu'il faudrait une nouvelle espèce de logique, qui traiterait des degrés de probabilité. Il serait bon que celui qui voudrait traiter cette matière poursuivît l'examen des jeux de hasard ; et généralement je souhaiterais qu'un habile mathématicien voulût faire un ample ouvrage bien circonstancié et bien raisonné sur toute sorte de jeux, ce serait de grand usage pour perfectionner l'art d'inventer, l'esprit humain paraissant mieux dans les jeux que dans les matières plus sérieuses* ».

---

[252] *De Ratiociniis in ludo aleae* : du calcul dans les jeux de hasard.

[253] Antoine Arnauld, Pierre Nicole, *La logique ou l'art de penser*, 1662, éd. Pierre Clair et François Girbal, PUF, 1965.

[254] Gottfried Wilhelm Leibniz, *Les nouveaux essais sur l'entendement humain*, 1705, publié en 1765, Flamarion 1921.

On trouve une des premières définitions explicites de la notion de probabilité dans l'*Essay d'analyse sur les jeux de hasard*, publié en 1708 par Pierre Raymond de Montmort (1678-1719) :

> « *Le sort de Pierre est le rapport de tous les coups qui lui sont favorables au nombre de tous les coups possibles. ... Dans une gageure égale, les mises des deux joueurs doivent avoir le même rapport que les divers degrés de probabilité ou d'espérance que chacun des joueurs a de gagner* ».

Ce point de vue, repris tout au long du XVIIIe siècle jusqu'à son adoption par Pierre-Simon Laplace comme premier principe dans son essai philosophique sur les probabilités (1812), sera érigé en définition par Abraham De Moivre (1667-1754), dans *The Doctrine of Chances* (1718) :

> « *Ainsi, si on considère une fraction dont le numérateur est le nombre des chances qui peuvent réaliser un événement, et dont le dénominateur est le nombre de toutes les chances qui peuvent ou non le réaliser, cette fraction sera une véritable définition de sa probabilité* ».

Mais au-delà de cette définition opératoire seulement quand tous les « cas » sont d'égale possibilité, quel sens donner à la probabilité ? Jacques Bernoulli le précise dans *Ars Conjectandi* (1713) :

> « *La probabilité est en effet un degré de la certitude et en diffère comme la partie diffère du tout* ».

Le concept de base est donc en place ainsi que la nécessité de relier ce *degré de la certitude*, calculable *a priori* par le *rapport des coups qui sont favorables au nombre de tous les coups possibles quand tous ces coups sont d'égale facilité*, avec la perception des *chances de gagner* qu'expriment les joueurs à partir des *fréquences de succès* dont ils observent la relative invariance au fil de leurs expériences. Cette « *double manière de rechercher les nombres de cas* » fait donc l'objet de l'étude de Bernoulli et aboutit à son théorème qui ponctue son œuvre magistrale.

Fréquences statistiques et probabilités

Le théorème que Bernoulli démontre rigoureusement est une première forme de la *loi des grands nombres* qui rend compte de la relation entre fréquence observée et probabilité.

Il s'applique à la répétition n fois d'une épreuve dite de Bernoulli : deux issues possibles dans une expérience aléatoire, succès avec probabilité p ou échec avec probabilité $1-p$.

Cette épreuve est traditionnellement modélisée par un tirage « *au hasard* » dans une *urne dite de Bernoulli*, contenant des boules de deux couleurs différentes dont l'une en proportion p.

Le théorème dit grosso-modo que la fréquence des succès obtenus en n fois se rapproche de la probabilité p quand n augmente indéfiniment.

L'énoncé de Bernoulli est plus précis :

> « *On peut concevoir des expériences en un nombre tel qu'il soit plus vraisemblable d'autant de fois que l'on veut que le nombre des observations fertiles soit au nombre de toutes les observations dans un rapport ni plus grand que* $\frac{r+1}{t}$ *, ni plus petit que* $\frac{r-1}{t}$ ».

Dans la démonstration, r désigne le nombre des boules de l'urne de Bernoulli représentant les cas *fertiles* (succès), et t le nombre total de boules, aussi grand que l'on veut. On peut traduire en langage moderne cet énoncé ainsi :

> *A la seule condition de répéter un nombre de fois suffisamment grand une même expérience aléatoire, il y a une probabilité aussi voisine de 1 que l'on veut (supérieure au niveau de confiance* $1-\alpha$*) que la fréquence F des issues réalisant un événement donné soit plus proche que tout* $\varepsilon = 1/t$ *donné (précision de l'approximation) de la probabilité* $p = r/t$ *de cet événement.* »

Cette fréquence observée F peut donc être prise pour « *estimer* » cette probabilité p et cet énoncé explicite la condition de confiance disant qu'avec un risque α de se tromper, on peut affirmer que la probabilité p est comprise entre $F - \varepsilon$ et $F + \varepsilon$, ce qui s'écrit :

$$P(F - \varepsilon < p < F + \varepsilon) > 1 - \alpha.$$

Cet énoncé est donc précurseur de la théorie de l'estimation statistique par intervalles de confiance. La loi (faible) des grands nombres est une généralisation moderne du théorème de Bernoulli, s'appliquant à des situations aléatoires régies par d'autres lois de probabilité que celle de Bernoulli.

En voici un énoncé précis :

Soit une suite $(X_i)_{i\in N}$ de variables aléatoires, indépendantes, de même loi d'espérance m et de variance σ^2.

On considère la suite des moyennes arithmétiques $\overline{X}_n = \frac{1}{n}\sum_{i=1}^{n} X_i$.

La loi (faible) des grands nombres[255] affirme que

La suite $\overline{X}_n$ *converge en probabilité vers m.*

Ce qui s'écrit formellement :

$$\forall \varepsilon > 0,\ P(|\overline{X}_n - m| > \varepsilon) \xrightarrow[n\to\infty]{} 0 \text{, ou encore :}$$

$$\forall \varepsilon > 0, \forall \alpha > 0, \exists n_0, \forall n > n_0\ [P(\overline{X}_n - \varepsilon < m < \overline{X}_n + \varepsilon) > (1-\alpha)].$$

Remarquons que dans la situation de Bernoulli, la fréquence observée d'un événement aléatoire à l'issue de *n* expériences est égale au rapport (nombre de succès)/*n*.

Si à chaque épreuve *i* de Bernoulli, on associe la variable aléatoire X_i valant 1 en cas de succès et 0 sinon, la fréquence F_n de succès en *n* épreuves est égale à $\overline{X}_n = \frac{1}{n}\sum_{i=1}^{n} X_i$ on retrouve l'énoncé de Bernoulli.

La pensée statistique

La pensée statistique se différencie de la pensée logique dans la mesure où toute affirmation ne peut être considérée comme vraie ou fausse, mais est nécessairement associée à une probabilité d'être vraie.

La pensée statistique considère que dans des situations aléatoires où l'observation du comportement d'un phénomène produit des résultats fluctuants, car déterminés par une certaine dose de hasard, celle d'un assez grand nombre de ces résultats permet d'avoir des informations assez précises sur ce phénomène.

Sous jacente à cette démarche de pensée, il y a bien évidemment une perception intuitive de la loi des grands nombres. Les enfants, par la pratique des jeux de hasard, ont déjà une idée des régularités engendrées par la répétition d'une même expérience aléatoire, comme

---

[255] Ainsi dénommée par Siméon-Denis Poisson (1781-1840) en 1837. Émile Borel (1871-1956) en 1909 améliorera notablement la conclusion par la loi forte : la convergence de la suite des moyennes des X_i vers *m* est « presque sûre », c'est-à-dire que la probabilité d'obtenir cette convergence est égale à 1.

le jet d'un dé, au point de pouvoir déceler une tricherie quand par exemple le 6 revient trop souvent, en moyenne bien plus d'une fois sur six jets.

Toute information sur la valeur d'un paramètre obtenue à partir de données statistiques observées n'est qu'une estimation. Cela sous-entend que cette valeur ne peut être donnée qu'avec une « *fourchette* », un intervalle dit *de confiance*, et que la valeur cherchée appartient à cet intervalle avec une certaine probabilité.

Par exemple, en France depuis quelques années, les prévisions météorologiques, sont données avec un indice de confiance de 1 à 5 : si une prévision est donnée avec un indice de confiance de 4, le taux de confiance est de 80 %. Autrement dit, dans un cas sur 5, la prévision s'avèrera erronée.

Parmi les outils de la statistique, la *loi de Laplace-Gauss* tient une place prépondérante. Le théorème fondamental de la statistique, appelé *théorème central-limite*, dit que pour tout ensemble de variables aléatoires, indépendantes et de même loi et si leur nombre est assez grand, leur moyenne arithmétique suit une loi proche de la loi de Laplace-Gauss. Ce résultat permet de connaître le comportement de phénomènes qui peuvent être modélisés par des valeurs moyennes. Ces phénomènes sont dits *gaussiens*.

Phénomènes Gaussiens et loi normale

Phénomènes gaussiens, observations statistiques, contexte naturel de la loi normale

Dans une population donnée, si on classe les individus selon une valeur caractéristique (leur taille, leur poids, etc.), on s'aperçoit que dans un intervalle de valeurs de longueur donnée, plus on s'approche de la moyenne du critère considéré, plus il y a d'individus. Plus on s'en éloigne, moins il y en a. Aux deux extrémités, il n'y a presque personne. La représentation graphique de cette réalité prend la forme d'une *courbe en cloche* dont la courbe de Gauss est un prototype.

Certains phénomènes continus qui fluctuent autour d'une valeur moyenne μ, de manière aléatoire, résultante d'un grand nombre de causes additives et indépendantes, relèvent souvent d'un modèle probabiliste appelé *loi normale* (ou de *Laplace-Gauss*, appelée « *normale* » par Pearson en 1893).

C'est une illustration d'un des théorèmes les plus importants du calcul des probabilités, le *théorème de la limite centrée* (TLC, appelé aussi « *théorème central limite* », traduction de « *the central limit theorem* », dénomination introduite par G. Polya en 1920).

La dispersion des valeurs observées d'un caractère gaussien est représentée par un écart-type σ. L'observation statistique de ce type de phénomènes conduit à la remarque que 95 % environ des observations se situent dans l'intervalle $]\ \mu - 2\sigma\ ;\ \mu + 2\sigma\ [$, dit plage de normalité.

La loi normale est, entre autres, la loi des erreurs de mesure d'un phénomène physique. Historiquement, c'est par l'étude du comportement de ces erreurs que Laplace puis Gauss ont mis en évidence l'expression mathématique de cette loi.

Donnons ici une représentation graphique de la courbe de densité d'une loi gaussienne de moyenne $\mu = 0$ et d'écart-type $\sigma = 1$.

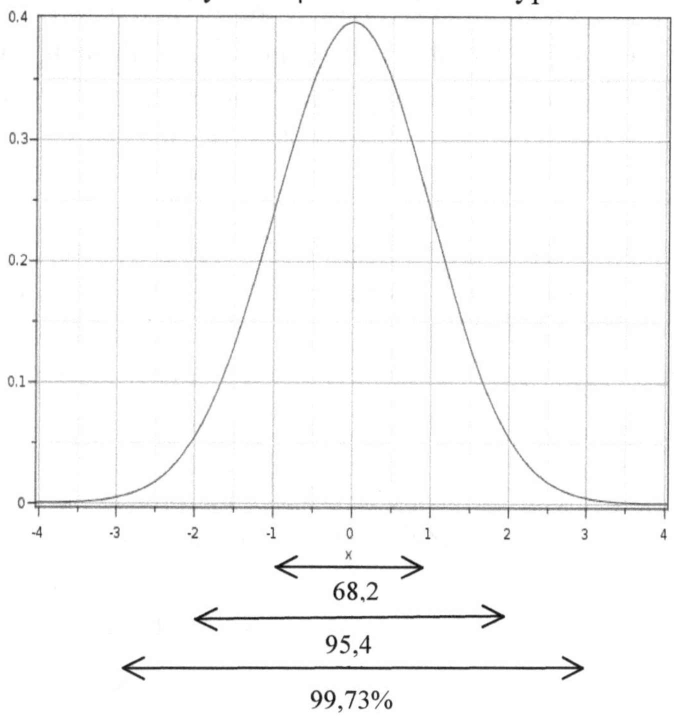

Valeurs précises : $P(|U| \leq 1{,}65) = 0{,}9$; $P(|U| \leq 1{,}96) = 0{,}95$;

$P(|U| \leq 2{,}58) = 0{,}99$.

Mais tout le mérite revient à de Moivre, qui, en 1718, en appliquant la formule de son ami Stirling, a obtenu son expression en cherchant des équivalents des probabilités binomiales, pour améliorer le contrôle de l'écart $|F_n - p|$ entre fréquence observée F_n en n expériences et probabilité limite p dans le problème de Bernoulli. (Théorème de Moivre-Laplace).

Modèle probabiliste de la loi normale

Comme précédemment, pour modéliser un phénomène gaussien, nous allons distinguer sa description heuristique du modèle probabiliste que l'on peut proposer pour la représenter.

Hypothèse de travail : on étudie un caractère aléatoire continu (en dimension 1), pouvant prendre n'importe quelle valeur réelle, symétriquement autour d'une valeur centrale μ. Une étude statistique montre que pour un grand nombre d'observations, 95% d'entre elles se situent dans un intervalle centré en m et de demi-longueur 2σ.

Pratiquement, dans beaucoup d'applications, les valeurs possibles du caractère sont nécessairement positives (mesures de grandeurs, quantités, ...). Nous verrons qu'il n'y a pas de gros inconvénient à proposer un modèle continu sur tout $\mathbb{R}$, si la probabilité est surtout concentrée autour de μ. Cette propriété du modèle rendra compte du fait que la quasi-totalité des valeurs observées se concentrent autour de cette valeur centrale.

Hypothèse de modèle : on prend donc comme ensemble référentiel, $\Omega = \mathbb{R}$.

Soit X une variable aléatoire définie sur Ω à valeurs dans $\mathbb{R}$ représentant les occurrences possibles du caractère étudié. La loi P_X d'une variable continue X de densité f_X est entièrement déterminée par les probabilités :

$$P_X(]a, b]) = P(X \in (]a, b]) = \int_a^b f_X(x)\, dx\,.$$

Sa fonction de répartition permet le calcul de toutes les probabilités des événements liées à X :

$$F_X(x) = P(X \leq x) = \int_{-\infty}^x f_X(t)\, dt$$

X est une variable normale si sa densité f_X est donnée par :

$$f_X(x) = \frac{1}{\sqrt{2\pi}\,\sigma}\, e^{-\frac{1}{2}(\frac{x-\mu}{\sigma})^2}, \text{ pour } x \text{ réel.}$$

Cette loi est désignée par $N(\mu, \sigma)$. On ramène toutes les lois normales à un même type de base, $N(0, 1)$, en réduisant la variable X.

On pose $U = \frac{X - \mu}{\sigma}$. La densité de la loi réduite est alors : $\frac{1}{\sqrt{2\pi}} e^{-\frac{1}{2}u^2}$

Sa représentation graphique est cette fameuse courbe en cloche dite « *courbe de Gauss* ».

Cette loi permet de déceler des caractéristiques d'une population comme dans l'exemple suivant : au Ruanda, où 50 % de la population masculine a une taille moyenne de m_1 = 160 cm (les Hutus) et les autres 50 % ont une taille moyenne de m_2 = 180 cm (les Tutsis), il serait abusif de dire que la population masculine mesure en moyenne 170 cm. Cela paraît naïf en première observation, si on ne tient pas compte qu'ici on a deux ethnies différentes.

Ces mesures pour chaque sous-population relèvent de la loi de Gauss, mais leur mélange ne peut être représenté par ce même modèle. Il convient plutôt de recourir à une densité à « deux bosses » comme sur le graphique ci-dessous.

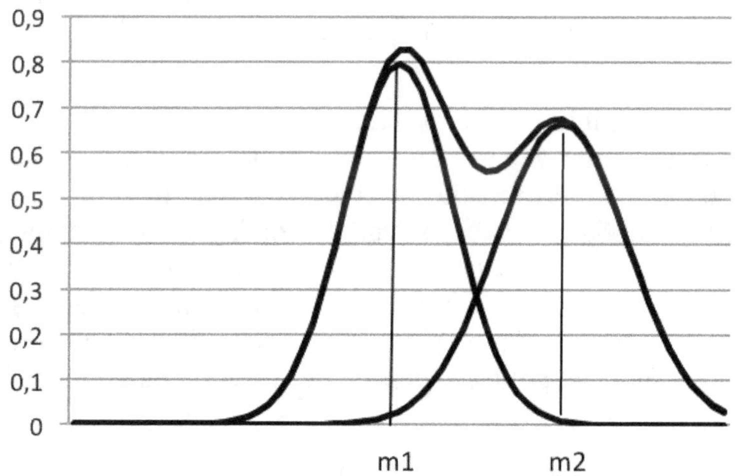

Somme de deux gaussiennes : $N(m_1 ; 0{,}5) + N(m_2 ; 0{,}6)$

Pour illustrer ce que nous appelons la pensée statistique, nous traitons deux exemples : la pratique des sondages aléatoires et la démarche des tests d'hypothèses.

La pratique des sondages

Un sondage statistique consiste à obtenir des informations relatives à un caractère *qualitatif* ou *quantitatif* concernant les individus d'une *population* (d'objets manufacturés ou d'êtres humains par exemple) à partir de l'observation de données statistiques produites par un *échantillon* assez grand de ces individus prélevés dans la population étudiée.

Il y a plusieurs techniques de sondages. Concernant les sondages d'opinions, que ce soit à des fins de marketing ou d'informations politiques, on parle de la méthode des quotas. Celle-ci consiste à consulter un échantillon d'individus (un millier en général) organisé en *strates* proportionnellement à l'organisation de la population selon des critères pertinents par rapport à l'objet du sondage (par exemple la répartition sociologique des individus dans la population étudiée). Ceci suppose d'avoir au préalable une telle connaissance (par une étude exhaustive de la population comme un *recensement*, ou par une connaissance issue d'études précédentes)[256] pour former ce que l'on appelle une base de sondage. On parle alors d'*échantillons représentatifs*. Cependant cette méthode des quotas ne permet pas (ou peu) de donner les marges d'erreurs dans l'affichage des résultats.

Les sondages d'opinions sont beaucoup décriés et une certaine méfiance s'exprime à leur égard. La technique de sondage n'est pas en cause, elle est très performante. La méfiance, justifiée, provient du traitement médiatique accompagnant le sondage. Par exemple, que dire des proportions annoncées, relatives aux préférences d'un certain produit, après une campagne de publicité faisant sa promotion ? Que dire de la manipulation de l'opinion quand la publication d'un sondage politique dépend de son commanditaire ?

---

[256] La précision des sondages a été reconnue par la loi de 2002 qui a décidé de remplacer les recensements périodiques de la population française par des recensements partiels épisodiques et l'utilisation de sondages pour la connaissance rapide des évolutions de la population. Par exemple, en 2016, un recensement exhaustif commence le jeudi 21 janvier et se termine le samedi 20 février pour les communes en dessous du seuil de 10 000 habitants. Les communes au-dessus de ce seuil réalisent tous les ans une enquête par sondage auprès de 8 % des adresses répertoriées dans la commune.

Pour présenter les performances des sondages, prenons plutôt le cas des *sondages aléatoires simples*. Ils procèdent par le prélèvement d'un échantillon purement aléatoire, c'est-à-dire que chaque individu figurant dans l'échantillon a été tiré « *au hasard* » dans la population (tous les individus ont la même chance de figurer dans l'échantillon). Cela suppose que la taille n de l'échantillon (le nombre des individus le constituant) n'est pas trop grande par rapport à l'effectif de la population (un centième au plus), de manière à ce que le prélèvement d'un individu ne modifie que de manière négligeable la probabilité de tirer un des autres individus.

On s'intéresse à la proportion p, inconnue dans la population, des individus qui vérifient une certaine propriété. À l'individu i (i est un indice variable de 1 à n), on associe la variable aléatoire X_i qui vaut 1 s'il vérifie la propriété, 0 sinon. X_i est une variable de Bernoulli de paramètre p. Cela signifie que la probabilité que $X_i = 1$ est égale à p. C'est en effet la probabilité de tirer au hasard un individu vérifiant la propriété dans la population où ils sont en proportion p. De plus le tirage de l'individu i n'a pas d'influence sur le choix d'un autre j. On dit que les variables X_i et X_j sont indépendantes (les probabilistes donnent un sens précis à cela). En statistique, on dit que le n-uplet $X = (X_1, X_2, \dots X_n)$ est un échantillon aléatoire de taille n. La statistique dite « *inférentielle* » donne des résultats importants dans le cadre de l'échantillonnage à partir de grands théorèmes de probabilités. Les propriétés des sondages sont les plus élémentaires dans ce domaine. On désigne par F_n la fréquence des individus vérifiant la propriété considérée dans l'échantillon prélevé.

C'est la moyenne arithmétique des X_i : $F_n = \frac{1}{n}\sum_{i=1}^{n} X_i$.

La valeur f_n prise par F_n dépend évidemment du hasard du prélèvement de l'échantillon. Mais d'après la loi des grands nombres, elle est d'autant plus proche de p que n est grand. On démontre assez facilement[257] que pour la plupart des échantillons, l'écart $|f_n - p|$ peut être majoré par $1/\sqrt{n}$ quand n est assez grand et p pas trop proche de 0 ou 1 (pratiquement compris entre 0,2 et 0,8).

---

[257] En utilisant un grand théorème de la statistique, le théorème de Moivre-Laplace, enseigné aujourd'hui au lycée, disant que quelle que soit la loi de probabilité des X_i, leur moyenne arithmétique suit une loi proche de la loi normale de Laplace-Gauss quand n est assez grand.

Comme dans toute inférence statistique, le résultat précis s'exprime en termes de probabilités :

$$P(F_n - 1/\sqrt{n} < p < F_n + 1/\sqrt{n}) \geq 0,95.$$

Autrement dit, en prélevant un échantillon de taille n, la probabilité que la probabilité p soit dans l'intervalle $]F_n - 1/\sqrt{n}\,;F_n + 1/\sqrt{n}[$, dit « *de confiance* », est supérieure à 0,95. L'écart obtenu $|f_n - p|$, est donc l'erreur commise dans l'estimation ponctuelle de p par f_n. On peut donc dire que le risque de se tromper en prenant pour p la valeur f_n est inférieur à 0,05, ce qui dans la pratique courante est un risque supportable : 95 fois sur 100 l'estimation sera correcte.

Du point de vue numérique, avec $n = 100$, on voit que la proportion p est estimée dans un tel sondage à 10 % près, ce qui n'est pas fameux. Avec $n = 10\,000$, cette proportion est estimée à 1 % près, ce qui est plus conforme à la pratique industrielle, mais un tel échantillonnage coûte cher.

Quand on n'est pas trop regardant sur la précision, comme dans les sondages d'opinions, avec $n = 1000$, toujours au risque se tromper de 0,05, la précision du sondage est égale à $\frac{1}{\sqrt{1000}} \approx 0,0316$, soit environ 3 %.

Ainsi, si deux fréquences observées diffèrent de moins de 3 %, cela n'entraîne pas que les proportions cherchées soient différentes, mais seulement que le hasard des échantillons prélevés conduit à ces valeurs différentes, sachant aussi que ces résultats sont mis en défaut 5 fois sur 100.

Les tests d'hypothèses

Il s'agit de prendre une décision entre deux options (pour simplifier) en disposant d'une étude statistique du comportement d'un paramètre dans une situation où il y a un risque de se tromper en choisissant une option non conforme à la réalité. Comment les données statistiques peuvent-elles aider à prendre la bonne décision ?

Prenons l'exemple d'un contrôle de qualité. Dans une entreprise de métallurgie, un robot produit des pièces métalliques qui doivent respecter des normes données. Certaines en proportion p sont défectueuses.

Cette proportion est acceptable si elle est inférieure à un certain pourcentage p_0 (prenons $p_0 = 1$ % pour fixer les idées), ce qui représente des pertes financières, sinon il faut arrêter la production pour régler le robot, ce qui coûte très cher.

Cette décision doit être prise s'il s'avère que la proportion p dépasse une valeur p_1 ($p_1 = 2$ % par exemple).

Le contrôle de la qualité consiste à prélever aléatoirement un échantillon de taille n de pièces dans la production et à vérifier si elles correspondent aux normes.

Principe d'un test d'hypothèses simples

La proportion p des pièces réellement défectueuses dans la production est l'inconnue du problème. Pour le simplifier, formulons deux hypothèses[258] :

$H_0 : p = p_0 = 0{,}01$ (soit 1 %)

$H_1 : p \geq p1 = 0{,}02$ (soit 2 %).

L'entreprise préférerait s'en tenir à l'hypothèse H_0 (appelée « *hypothèse nulle* »), à moins que les faits observés ne la contredisent nettement. Elle n'est décidée à abandonner H_0 pour l'hypothèse H_1 (« *hypothèse alternative* ») qu'en présence de faits expérimentaux traduisant une éventualité improbable lorsque l'on suppose que H_0 est vraie. H_0 est l'hypothèse de prudence qui engendre le moindre coût. H_1 est l'hypothèse dans laquelle on prend une décision risquée, celle d'arrêter la production un certain temps et de procéder au réglage du robot, ce qui représente un manque à gagner important.

On peut donner un sens probabiliste à cette notion de risque, que l'on note α, en considérant que le test conduit à une décision qui dépend de l'aléa de l'échantillon observé sur lequel le test est construit. α est donc le risque de se tromper quand le test fait opter pour le réglage du robot (événement que nous noterons H_1*), alors qu'il n'était pas nécessaire (H_0 est vraie). α est appelé « *le risque de première espèce* ».

---

[258] Pour simplifier cet exposé, nous posons $H_1 : p = p_1$ (hypothèse simple), plutôt que $H_1 : p > p_0$ (hypothèse composite).

Interprétons α, en termes probabilistes :

α = P (décider H_1 quand H_0 est vraie), encore notée $\alpha = P_{H0}(H_1*)$.

La méthode de décision

Prenons $\alpha = 0,05$ comme niveau du risque que l'on accepte de courir. C'est-à-dire que l'on accepte de commettre l'erreur de première espèce (décider H_1 quand H_0 est vrai) dans au plus 5 % des échantillons possibles. Dans cette démarche, on admet implicitement que des événements rares ne sauraient se produire lors du test, remettant en cause le bien-fondé de l'hypothèse travail H_0. La valeur choisie pour α devrait faire intervenir le coût du réglage, face à l'accroissement espéré de productivité, de telle sorte que l'espérance de gain soit positive. La valeur générique 0,05 est ici prise à titre d'exemple. Puisqu'il s'agit de "tester" la valeur de p, il est naturel d'utiliser le pourcentage de pièces défectueuses dans l'échantillon prélevé. Dans notre exemple $p_0 < p_1$. Si H_0 est vraie, les grandes valeurs de ce pourcentage sont plus improbables que sous l'hypothèse H_1. On adopte alors la règle de décision suivante :

– Si le pourcentage de pièces défectueuses est trop grand, supérieur à une « valeur critique » k qui, dans l'hypothèse H_0 n'a que 5 chances sur 100 d'être dépassée, on optera pour H_1 avec par conséquent la probabilité $P_{H0}(H_1*) = \alpha = 0,05$ de se tromper.

– Si ce pourcentage est inférieur à k, on conservera H_0 faute de preuves suffisantes.

Modèle probabiliste pour le test d'hypothèses proposé

Formalisons le problème. Soit X_i $(1 \leq i \leq n)$ la variable de Bernoulli associée à la $i^{\text{ème}}$ pièce de l'échantillon ($X_i = 1$ si la pièce est défectueuse, 0 sinon). On considère que les X_i sont indépendantes et de même loi de Bernoulli de paramètre p (probabilité que $X_i = 1$), elles constituent donc un échantillon statistique $X = (X_1, \ldots, X_n)$.

Soit $\overline{X}$ la moyenne arithmétique des X_i, c'est la fréquence des pièces défectueuses dans l'échantillon. On utilise la valeur observée $\overline{x}$ de $\overline{X}$ dans l'échantillon prélevé pour prendre la décision. $\overline{X}$ est appelée la « *variable de décision* ».

On sait que si n est assez grand, sous l'hypothèse H_0, la loi de $\overline{X}$ est approximativement une loi normale $N(p_0, \frac{\sqrt{p_0(1-p_0)}}{\sqrt{n}})$[259].

La méthode de décision introduit une valeur critique k, telle que si $\overline{x} > k$, on rejette l'hypothèse H_0 pour lui préférer H_1. k est donc défini par la probabilité :

$$P_{H_0}(\overline{X} > k) = \alpha$$

Avec $\alpha = 0{,}05$ et $n = 100$, on obtient :

$$k = p_0 + \frac{1{,}65\sqrt{p_0(1-p_0)}}{\sqrt{n}} \approx 0{,}026 \text{ (soit 2,6 \%).}$$

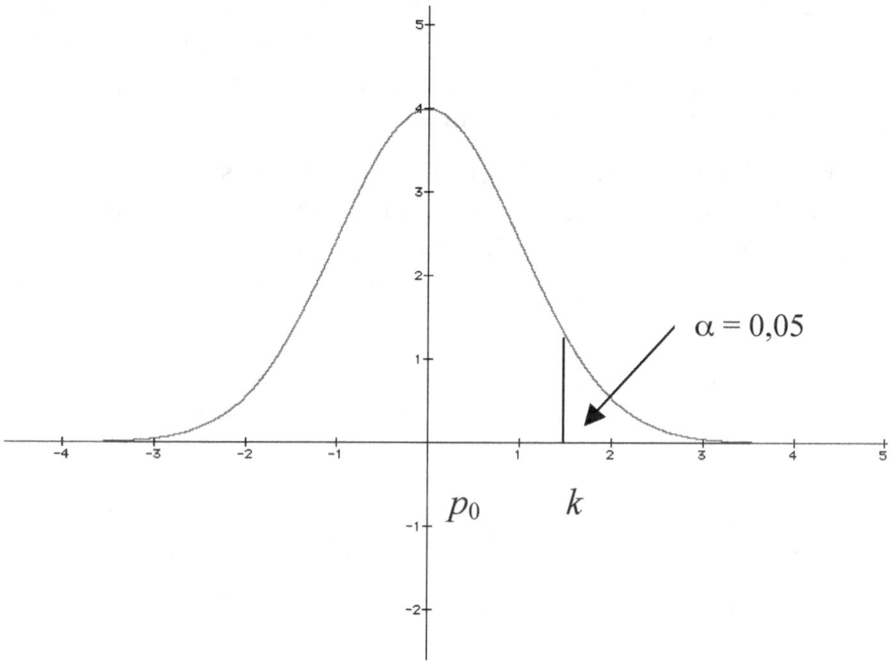

On en tire alors la *règle de décision* : $\overline{x}$ étant la fréquence de pièces défectueuses observée,

- si $\overline{x} > 2{,}6$ %, on rejette H_0 et on accepte H_1 avec le risque $\alpha = 0{,}05$ de se tromper,

[259] Théorème de Moivre-Laplace, valable pour $n \geq 50$. Cf. *La pensée statistique.* Le calcul utilise la valeur connue pour une variable normale U réduite : $P(U > 1{,}65) \approx 0{,}05$.

- si $\overline{x} \leq 2{,}6\ \%$, on conserve H_0, sans être absolument certain qu'elle est vraie.

L'événement $\{\overline{X} > 2{,}6\ \%\}$ (ensemble des observations possibles d'échantillons conduisant à la moyenne $\overline{x} > 2{,}6\ \%$) s'appelle la « *région critique* » ou « *région de rejet* » de H_0.

L'événement contraire $\{\overline{X} \leq 2{,}6\ \%\}$ est la « *région d'acceptation* » de H_0.

Risques, hypothèses et certitudes dans un test d'hypothèses

L'observation d'un échantillon n'apporte jamais de certitude quant à la population de laquelle il est extrait. Rien ne dit ici que conserver l'hypothèse H_0 quand $\overline{x} \leq 2{,}6\ \%$ mette à l'abri de se tromper. En fait, il y a deux manières de se tromper :

i – Considérer à tort que le pourcentage p est supérieur à 2 % (décision H_1*) C'est l'erreur de première espèce associée au risque de première espèce $\alpha = P$ (décider H_1 quand H_0 est vraie), $\alpha = P_{H0}(H_1^*)$. Formellement, cela revient donc à accepter H_1 alors que H_0 est vraie.

ii – Considérer que p ne dépasse pas la valeur limite, alors qu'en réalité, $p > 2\ \%$. C'est l'erreur de seconde espèce associée au risque de seconde espèce β : conserver H_0 alors que H_1 est vraie.

Formellement, β = P(décider H0 alors que H1 est vraie) = $P_{H1}(H_0^*)$. β dépend de la valeur de p_1. Dans cet exemple, on peut calculer β sous l'hypothèse $p = p_1$: $\overline{X}$ suit une loi $N(p_1, \frac{\sqrt{p_1(1-p_1)}}{\sqrt{n}})$, $p_1 = 2\ \%$.

On commet alors l'erreur de seconde espèce lorsque l'observation

$\overline{x}$ est inférieure à $k = 2{,}6\ \%$.

Le calcul donne $\beta(p_1) = P_{H1}(\overline{X} < 0{,}026) \approx 0{,}35$. La seule certitude est que l'on prend un risque important (35 %), supérieur à 1/3, en conservant H_0 quand $\overline{x} \leq 2{,}6\ \%$.

H_0, tout au long de cet exemple, a joué un rôle prépondérant : hypothèse de prudence, c'est celle que l'on conservera à moins d'être convaincu qu'il vaut mieux l'abandonner pour H_1, l'hypothèse alternative H_1 est l'hypothèse qui implique un investissement.

Cela ne signifie pas que H_1 soit le contraire de H_0 (ici, le contraire de H_0 serait $p \neq p_0$, hypothèse composite bilatérale). Le choix de H_0 est dicté par des mobiles assez variables :

i - hypothèse de stabilité ; elle doit être solidement établie et n'a pas été jusque là contredite par l'expérience.

ii - H_0 est une hypothèse à laquelle on tient particulièrement pour des raisons qui peuvent être subjectives.

iii - H_0 est une hypothèse de prudence ; par exemple pour tester l'innocuité d'un vaccin, il vaut mieux partir d'une hypothèse défavorable au nouveau produit.

iv - H_0 est une hypothèse facile à formuler qui rende les calculs possibles.

Région critique

La région critique W est l'ensemble des valeurs prises par la variable de décision, ici $\overline{X}$ qui entraînent le rejet de l'hypothèse H_0 (dans notre exemple, $W =]k, +\infty[$). Elle dépend de la nature de H_1 ($p \geq p_1 > p_0$), mais la valeur de k ne dépend que de H_0 et de α, comme on l'a vu en la calculant.

- La détermination de W se fait en écrivant : $P_{H0}(\overline{X} \in W) = \alpha$

- La région d'acceptation de H_0 est son complémentaire Wc : $P_{H0}(\overline{X} \in Wc) = 1 - \alpha$

- On a alors : $P_{H1}(\overline{X} \in W) = 1 - \beta$, d'où $P_{H1}(\overline{X} \in Wc) = \beta$.

Les risques associés aux différentes décisions sont résumés dans le tableau suivant :

réalité / décision	H_0 vraie	H_1 vraie
H_0*	$1 - \alpha$	β
H_1*	α	$1 - \beta$

Construire un test, c'est donc déterminer a priori la région critique W, ceci sans connaître le résultat de l'expérience.

Puissance d'un test

Une fois p_0 et α fixés, la valeur critique k en découle et le risque de seconde espèce β est déterminé par la considération supplémentaire de H_1, comme le montre la figure ci-dessous : l'aire hachurée verticalement représente la probabilité que $\overline{X}$ soit inférieure à k, dans l'hypothèse H_1 où la proportion p est égale à p_1.

Le schéma montre aussi que les risques β et α varient en sens contraire quand p_0 étant fixé, la valeur de p_1 varie (translations de la courbe de droite).

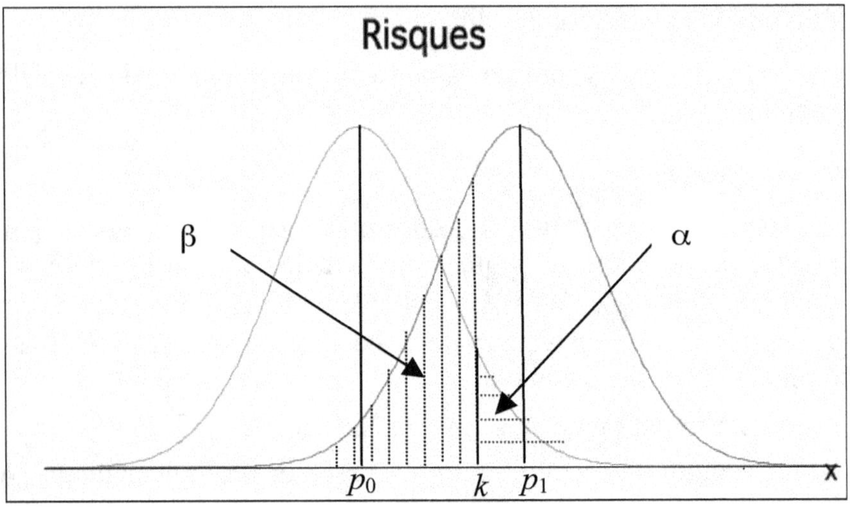

Lorsque p_1 est proche de p_0, on voit que pour un α fixé le risque β peut être grand, on dit que « *le test est peu puissant* ». La « *puissance* » du test est la valeur 1 – β, c'est la probabilité que le test conduise à choisir H_1 en ayant raison, cas où l'observation de l'échantillon conduit à $\overline{x} > k$.

Détermination des risques

Dans la pratique d'un test, on limite le risque de première espèce α. Il correspond au risque de se tromper en rejetant l'hypothèse préférée H_0. Ce faisant, on accepte éventuellement un risque de deuxième espèce β, risque de se tromper en conservant H_0, qui peut être nettement plus important. Comme on l'a vu, la valeur de α est déterminée par des considérations économiques.

On évalue les coûts de commettre les erreurs de première et deuxième espèce ainsi que le gain que procure un investissement à bon escient, et l'on prend α de telle sorte que l'espérance du gain total soit maximale.

La valeur de β dépend de l'hypothèse alternative, de α et de la variable de décision, donc de la taille n de l'échantillon prélevé pour l'observation. Le risque de se tromper en acceptant H_0 n'est pas une fonction simple de α. Dans notre exemple quand $p = p_1$, il vaut $\beta = 35\ \%$. $\beta \to 0$ quand $n \to \infty$. On dit que le test est « *convergent* ».

Pratique d'un test d'hypothèses

Les tests d'hypothèses diffèrent en fonction de la forme des hypothèses envisagées et des variables de décision adoptées. Résumons les étapes dans la réalisation d'un test d'hypothèses. On suit la démarche suivante :

1 - Choix de H_0, H_1 et du risque de première espèce α à partir de considérations économiques.

2 - Détermination de la variable de décision et de sa loi dans l'hypothèse H_0 (dans l'exemple, $\overline{X} \sim N(p_0, \frac{\sqrt{p_0(1-p_0)}}{\sqrt{n}}$)).

3 - Allure de la région critique en fonction de H_1.

4 - Calcul de la région critique en fonction de H_0 et de α.

5 - Calcul (éventuel) de la puissance $1 - \beta$ ce qui suppose de connaître la loi de la variable de décision sous l'hypothèse H_1.

6 - Calcul de la valeur observée de la variable de décision.

7 - Conclusion : rejet ou acceptation de H_0.

Conclusion d'un test d'hypothèses

Les hypothèses H_0 et H_1 ne sont pas elles-mêmes probabilisables. Elles sont vraies ou fausses (mais on ne le sait pas). C'est le fait que l'observation de l'échantillon conduise à retenir l'une ou l'autre (événements H_0^* ou H_1^*) qui est aléatoire et qui peut donc être probabilisé.

Ainsi, "retenir H_0" est un événement modélisé par $\overline{X} \notin W$ (dans l'exemple : $\overline{X} \leq k$).

La conclusion d'un test ne peut en aucun cas être de la forme : « *la probabilité que H_0 soit vraie est égale à 95%* ». Elle se présente normalement sous l'une des formes suivantes :

I - lorsque le test conduit à accepter H_0 :

« *au risque de 5 % on conserve l'hypothèse H_0* », ce qui a pour signification :

- « *le risque de se tromper en conservant H_0 est de 5 %* », ou encore :

- « *en moyenne, dans 5 échantillons sur 100, ce test conduirait à conserver H_0 alors qu'elle est fausse* ».

II - Lorsque le test conduit à rejeter H_0, on énonce :

- « *au risque de 35 % on rejette l'hypothèse H_0 et on se place dans l'hypothèse H_1* »,

- « *le risque de se tromper en rejetant H_0 est égal à 35 %* » ou encore :

- « dans 35 échantillons sur 100, ce test conduirait à rejeter à tort H_0.

Chapitre IV
Mesures et incertitudes en physique

Mesures de grandeurs

Dès l'origine des civilisations, l'homme a voulu mieux connaître son environnement à l'aide d'observations du ciel et de la Terre, avec des instruments de plus en plus élaborés comme l'équerre, le compas, le fil à plomb, l'astrolabe et maintenant les visées au laser, etc.

Tout d'abord on a cherché à quantifier les durées de temps. Ce sont les Babyloniens qui les premiers, au deuxième millénaire avant notre ère, ont divisé l'année lunaire en 350 jours, le jour lunaire en 24 heures, l'heure en 60 minutes et la minute en 60 secondes. Pour l'homme, ces considérations étaient importantes pour connaître les saisons. À l'année lunaire de 350 jours les Babyloniens, les Hébreux et les Chinois ont donc rajouté 12 jours par an pour être en concordance avec un calendrier solaire.

C'est par une meilleure connaissance des mathématiques et de la philosophie naturelle que la mesure est devenue plus précise et reproductible par l'apport de nouveaux instruments.

La raison n'a pas le droit de majorer une expérience immédiate, elle doit se mettre en adéquation avec l'expérience, la plus richement structurée ; en toute circonstance l'immédiat doit céder le pas au construit[260].

Erreurs et incertitudes sur la mesure d'une grandeur

Une erreur réalisée sur une mesure physique est donnée par l'écart entre la valeur effectivement observée a_0 lors de cette mesure et la « vraie valeur » inconnue a.

C'est un erreur « *absolue* » quand elle est donnée par cet écart : $| a - a_0 |$ (valeur absolue de la différence entre la valeur observée et la « vraie » valeur) donnée dans les dimensions de la grandeur mesurée.

---

[260] Claude Bernard, *introduction à l'étude de la médecine expérimentale*, 1867, réédition Flammarion le Monde 2013.

C'est une erreur « *relative* » et sans dimension si elle est rapportée à la valeur de la grandeur mesurée : $| a - a_0 | / a$.

On peut distinguer trois types d'erreurs :

- Erreurs systématiques qui affectent le résultat de manière constante,

- Erreurs accidentelles produites par des disfonctionnements d'origines humaines ou techniques dans la procédure de la mesure effectuée,

- Erreurs aléatoires déterminées par les fluctuations des grandeurs physiques en cause.

Le concept d'incertitude en mesures physiques désigne la marge d'imprécision sur la valeur de la mesure d'une grandeur physique. Il est traduit par la dispersion des valeurs qui pourraient raisonnablement être attribuées à cette mesure.

Considérée comme une dispersion, l'*incertitude absolue* fait appel à des notions de statistique. Notée Δa, exprimée avec les mêmes unités que la mesure a, elle correspond à la moyenne des écarts observables entre les valeurs raisonnablement observées et la « vraie valeur » de la grandeur mesurée. Lors de la mesure d'une grandeur physique, il est nécessaire de bien connaitre son incertitude.

De même, à l'incertitude absolue Δa, on associe l'*incertitude relative* $\Delta a / a$ souvent exprimée en pourcentage.

Le résultat d'une mesure doit toujours être suivi de son incertitude absolue dans le même système d'unités et le nombre des chiffres significatifs doit être le même pour la grandeur et son incertitude.

Par exemple, si ρ est la masse spécifique d'un corps, on écrit

$$\rho = 1,384 \pm 0,001 \text{ g / cm}^3.$$

À la rigueur, avec une meilleure incertitude, $\rho = 1,3842 \pm 0,0008 \text{ g / cm}^3$, mais il est absurde de donner $1,3842534 \pm 0,0008561 \text{ g/ cm}^3$, car on ne peut pas être aussi précis sur une imprécision.

Incertitude sur une mesure dépendant de plusieurs mesures

Dans le cas où la grandeur à mesurer est donnée en fonction d'autres grandeurs à mesurer séparément, sa mesure x est modélisée par une fonction de plusieurs variables.

Par exemple avec 3 variables, $x = f(y, z, t)$, l'incertitude relative sur la valeur de x est donnée par la relation :

$$\Delta x / x = \Delta y / y + \Delta z / z + \Delta t / t.$$

Exemple du calcul de l'erreur sur la mesure de la masse d'un cylindre en acier inoxydable dont les paramètres sont :

- La masse volumique de cet acier donnée par le fabricant, égale à 8,20 ± 0,02 g / cm3,

- Le diamètre et la longueur sont mesurés avec un pied à coulisse à ± 0,005 cm. Le diamètre est égal à 3,105 ± 0,005 cm, la longueur est égale à 9,120 ± 0,005 cm.

La masse mesurée du cylindre est égale à

$$8{,}200 \times 3{,}14159 \times (3{,}105 / 2)^2 \times 9{,}120 = 566{,}27 \text{ g}.$$

L'erreur relative est égale à :

$$0{,}02 / 8{,}20 + 2 \times (0{,}005 / 3{,}105) + 0{,}005 / 9{,}120 = 0{,}0062.$$

D'où une erreur absolue de $62 \times 10^{-4} \times 566 = 3{,}5$ g. La masse du cylindre est donc 566,3 ± 3,5 g.

Autre exemple : dosage d'une solution de soude par une solution titrée d'acide chlorhydrique.

Premier essai, 20 ml d'une solution de soude sont neutralisés à l'aide d'une burette par 14,95 ml d'une solution d'acide chlorhydrique à 0,1000 mole par litre.

Deuxième essai, 20 ml de la même solution de soude sont neutralisés à l'aide d'une burette par 15,05 ml de solution d'acide chlorhydrique à 0,1000 mole par litre.

Dans ce cas la valeur moyenne est 15,00 ml avec une erreur expérimentale de 0,05 ml comparable à l'incertitude instrumentale donnée par le fabricant de 0,03 ml. Si la différence entre les deux essais avait été supérieure à 0,1 ml, il aurait été impératif de faire d'autres essais afin d'avoir une bonne validité des mesures. L'incertitude sur le volume délivré par la burette est égale à la somme de l'incertitude expérimentale et de celle instrumentale du fabricant soit 0,03 + 0,05 = 0,08 ml.

Un volume V_a d'acide est neutralisé par un volume $V_s = 20{,}000 \pm 0{,}05$ ml de soude de concentration $C_a = 0{,}1000 \pm 0{,}0005$ ml.

La valeur moyenne du volume d'acide neutralisé est $\overline{V_a}$ = 15,00 ± 0,08 ml. À l'équivalence, le nombre de moles d'acide est égal à celui de la soude, d'où $C_s = \overline{V_a} \times C_a / V_s$.

On trouve une concentration égale à 15 × 0,1000/20 = 0,0750 mole par litre. Nous écrirons Δ(0,0750) pour l'erreur absolue sur C_s et Δ(0,0750)/0,0750 correspondant à l'erreur relative sur Cs. Sachant que l'erreur relative sur un produit ou un quotient est la somme des erreurs relatives sur chacun des termes, on a :

$$\Delta(0{,}0750)/0{,}0750 = (\Delta(15)/15) + \Delta(0{,}1000)/0{,}1000 + \Delta(20)/20.$$

D'où l'erreur relative sur la concentration d'acide chlorhydrique est égale à :

$$0{,}08/15 + 0{,}0005/0{,}1000 + 0{,}05/20 = 0{,}0135 \text{ ou } 1{,}35\ \%$$

D'où l'erreur absolue sur la concentration de l'acide chlorhydrique est égale à 0,0010 et la valeur de C_s est donc égale à 0,0750 ± 0,0010 mole par litre.

Reproductibilité des mesures

Si l'on considère une cible et les points d'impact de tirs de fléchettes, on peut considérer que ces impacts décrivent les 4 cas illustrés ci-dessous :

a) résultat juste et reproductible,

b) résultat erroné et reproductible provenant d'un mauvais étalonnage,

c) résultat avec des mesures non reproductibles, mais justes statiquement avec une grande incertitude dépendant de l'écart entre ces mesures,

d) résultat ni juste ni reproductible provenant de plusieurs mesures discordantes, résultat erroné donné avec une grande incertitude.

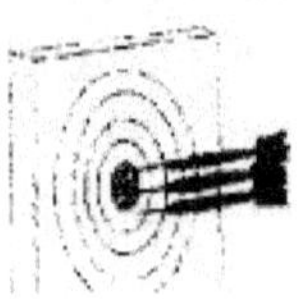
a) un résultat juste et reproductible

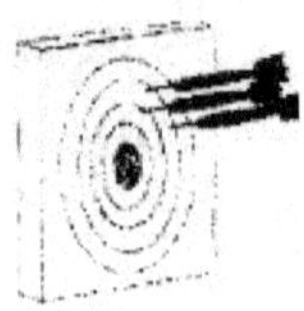
b) un résultat reproductible et erroné

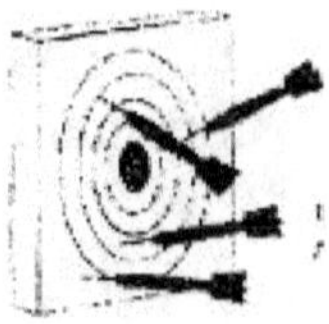
c) un résultat juste statistiquement, mais avec une grande incertitude

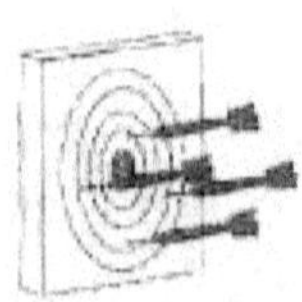
d) un résultat ni juste, ni reproductible

La justesse, la précision et la reproductibilité d'une mesure, permet de renforcer la rigueur et la validité d'une observation scientifique. On sait par expérience que si l'on ne prend pas suffisamment de précautions dans la qualité et la rigueur de nos observations, sur la justesse, et la reproductibilité des mesures, si l'on n'emploie pas d'instruments suffisamment précis, on peut alors obtenir des résultats incertains voire erronés.

Souvent, pour être sûr d'un résultat, il faut le vérifier à plusieurs reprises, pour être sûr de sa reproductibilité. On accorde d'autant plus de confiance aux résultats d'une expérience qu'ils proviennent de plusieurs sources distinctes, et que ces derniers ne s'influencent pas. Au contraire, on a moins confiance en des résultats qui ne proviennent que d'une seule et même source.

Pour vérifier une information ou une mesure, il faut tenir compte d'un grand nombre de facteurs qui sont : les conditions initiales et les conditions d'observation, ainsi que la justesse, précision et reproductibilité des mesures. Celles-ci peuvent dépendre aussi de la qualité des appareils de mesures éventuellement employés.

Il faut que l'appareil soit sensible, précis, juste et fidèle.

- La sensibilité correspond à la plus petite variation observable de la grandeur à mesurer.

- La précision correspond à l'écart entre les résultats de mesures qu'il indique et la valeur théorique que l'on cherche à mesurer, indépendamment des conditions opératoires[261].

- La justesse d'un appareil de mesure est son aptitude à donner des résultats qui ne sont pas entachés d'erreurs systématiques (c'est le cas quand les résultats obtenus sont systématiquement à côté de la valeur à mesurer).

- La fidélité d'une mesure est son aptitude à donner des valeurs exemptes d'erreurs accidentelles, dispersées ou aléatoires. La reproductibilité de la mesure est justement liée à cette fidélité.

En résumé, si une mesure n'est ni juste, ni précise, ni reproductible, on ne peut tirer aucune conclusion et elle n'a aucun intérêt.

---

[261] La précision d'un appareil de mesure peut également être entachée par des causes extérieures : erreur opératoire, erreur provoquée par les grandeurs d'influences (température, pression etc.), erreur de référence ou d'étalonnage, erreur d'hystérésis, erreur de finesse etc.

Une méthode de mesure doit, pour atteindre un objectif bien déterminé, avoir les caractéristiques suivantes :

1) Une spécificité suffisante

Par spécificité, on entend que la méthode utilisée explore un paramètre bien défini et n'est pas perturbée par la variation éventuelle d'un autre paramètre méconnu. Il a été décrit de nombreux exemples de non-spécificité, en particulier en ce qui concerne les dosages biologiques.

2) Une limite de détection suffisante (i. e. la précision)

Par limite de détection, on désigne la plus faible variation détectable d'un paramètre déterminé. Cette limite dépend beaucoup de l'importance du bruit de fond, c'est-à-dire de la variabilité du signal en absence de la modification recherchée.

3) Une reproductibilité suffisante

La reproductibilité désigne la faible variation des valeurs obtenues lors de la mesure de la même grandeur au cours de plusieurs essais. Par exemple, un tensiomètre peut se dérégler au cours du temps, les conditions dans lesquelles la pression artérielle est mesurée peuvent changer, ce qui entraîne une mauvaise reproductibilité et donc des erreurs. La précision des mesures est liée à leur reproductivité, qui elle-même dépend de la fidélité de l'instrument, et aussi de la précision, de la minutie, du professionnalisme, du talent et des qualités d'expérimentateur de celui qui procède aux mesures.

4) Une justesse suffisante

La justesse d'une méthode désigne l'écart entre la valeur mesurée et la valeur réelle. Cette justesse dépend de la précision de l'appareil et de son étalonnage. Notons que dans l'exemple d'une pesée avec une balance graduée à 0,001 g, pour une masse de 42,524 g l'erreur sur la tare et l'erreur de lecture sur la masse est égale à deux fois 0,001 g, on écrira : $42{,}524 \pm 0{,}002$ g.

Amélioration de la précision sur une mesure par une moyenne statistique

Le résultat d'une mesure physique est entaché d'erreurs systématiques (appareils mal réglés) ou aléatoires (effets non maîtrisables, comme la température, la pression, les vibrations, etc.).

Quand cela est possible, on peut refaire cette mesure un certain nombre n de fois. La moyenne m des valeurs observées s'approche alors de la vraie valeur inconnue avec plus de précision.

Par exemple pour mesurer le diamètre d'un tuyau avec un pied à coulisse, on fait une centaine de mesures de moyenne m et d'écart-type s. Aux valeurs x_i observées on associe les valeurs $y_i = (x_i - m)/s$ qui se répartissent autour de 0. Les variations des valeurs x_i sont dues à l'utilisation du pied à coulisse par l'expérimentateur, aux aspérités dépassant la précision du pied à coulisse… Les x_i constituent un échantillon de valeurs possibles pour cette mesure.

On démontre en statistique que leur moyenne m peut être considérée comme une mesure plus précise de la vraie valeur avec une précision améliorée d'un facteur 10 pour une centaine de mesures, selon le calcul qui suit.

Plaçons nous dans l'hypothèse où les résultats des mesures d'un phénomène peuvent être approximativement modélisés par une loi gaussienne $N(\mu, \sigma)$ de moyenne μ et d'écart-type σ, où μ est la valeur théorique que l'on cherche et σ le degré de précision de cette mesure.

Si X désigne la variable aléatoire dont les réalisations x sont les mesures observées entachées d'erreurs, la répétition n fois de cette mesure donne un échantillon $(x_1, x_2, \ldots, x_n)$ de valeurs observées de variables X_i de loi parente $N(\mu, \sigma)$.

À condition que les mesures soient indépendantes, la loi de la moyenne arithmétique des variables X_i est une loi $N(\mu, \sigma/\sqrt{n})$ de même moyenne μ et d'écart-type $\sigma/\sqrt{n}$.

En effet, la variable $\overline{X} = \frac{1}{n}\sum_{i=1}^{n} X_i$ a pour moyenne $\frac{1}{n}\sum_{i=1}^{n} \mu = \mu$ et pour

écart-type $\sqrt{\operatorname{var}\overline{X}} = \sqrt{\frac{1}{n^2}\sum_{i=1}^{n} \sigma^2} = \frac{\sigma}{\sqrt{n}}$

La précision de la mesure est donc grandement améliorée. Ainsi une centaine de mesures fait gagner une décimale. Pour un phénomène gaussien, la probabilité qu'une mesure observée se situe dans l'intervalle $[\mu - \sigma ; \mu + \sigma]$ vaut 0,68, elle vaut 0,95 pour l'intervalle $[\mu - 2\sigma ; \mu + 2\sigma]$ (voir la courbe de densité de la loi normale centrée réduite donnée dans le chapitre précédent).

La valeur moyenne obtenue, $m = \frac{1}{n}\sum_{i=1}^{n} x_i$, sera donc située dans l'intervalle $[\mu - 2\sigma/\sqrt{n}\ ;\ \mu + 2\sigma/\sqrt{n}]$ pour 95 % des échantillons.

Par conséquent, la valeur estimée μ est comprise entre $m - 2\sigma/\sqrt{n}$ et $m + 2\sigma/\sqrt{n}$ pour environ 95% des échantillons de n mesures. De même, cette probabilité vaut 99,7% pour l'intervalle de confiance $[\mu - 3\sigma\ ;\ \mu + 3\sigma]$ et 99,999999 % pour $[\mu - 6\sigma\ ;\ \mu + 6\sigma]$.

Méthode en insu et en double aveugle

Cette méthode est surtout utilisée en pharmacopée pour comparer un médicament par rapport à un placebo ou à un autre médicament[262]. Lorsque l'on veut s'assurer de l'efficacité et surtout de la septicité d'action d'un médicament, on doit pouvoir éliminer tous ses effets non spécifiques dans une situation donnée, liée à la maladie et son évolution naturelle. La seule façon de réaliser cet objectif est de comparer les effets de ce médicament à un modèle nommé placebo qui lui est identique en tout point dans sa présentation (forme taille, couleur, texture, odeur etc.). Dans tous les cas l'étude doit être randomisée, ce qui signifie que le produit à tester sera tiré au sort, le prescripteur ne pouvant décider qui recevra quoi. Lors d'un essai comparatif randomisé en pharmacopée, les patients doivent ignorer quel traitement leur a été attribué par le hasard. Il s'agit alors d'un essai comparatif randomisé *en insu ou simple aveugle*. On peut employer la méthode en simple aveugle pour vérifier une pièce prise au hasard dans un lot de pièces industrielles par rapport à une pièce prise comme étalon. Dans certains cas, les médecins qui suivent des patients ne savent pas non plus quel médicament leur a été attribué par le hasard. Il s'agit alors d'un essai comparatif randomisé *en double aveugle*. Ces essais sont les plus rigoureux. En effet, si les médecins savent quel traitement suivent les patients, cela peut modifier leur jugement et par suite changer l'interprétation des résultats de l'essai. Une étude en double insu ou en double aveugle est une façon d'éprouver l'efficacité d'un traitement ou d'une substance, dans laquelle plusieurs patients bien déterminés reçoivent le traitement à titre expérimental sans que les sujets ou les investigateurs eux-mêmes n'aient connaissance du traitement reçu, pour supprimer tout jugement a priori.

---

[262] Patrick Lemoine, *Le mystère du placebo* Odile Jacob 1996, p. 162.

Chapitre V
Phénomènes imprévisibles

Chaos et phénomènes sensibles

Définition du chaos :

1) Du grec *Khaos*, confusion générale des éléments, de la matière, avant la création du monde. Au sens figuré : désordre (définition du dictionnaire Larousse).

2) Un système agité par des forces où seules existent trois fréquences indépendantes, peut se déstabiliser, ses mouvements devenant alors totalement irréguliers et erratiques (d'après la définition du météorologue E. Lorenz).

Il faut distinguer le vrai chaos du faux chaos ou chaos déterministe.

Le *vrai chaos* se dit d'un ensemble de phénomènes dont il est impossible de dégager la propriété macroscopique ou microscopique. Soit l'exemple d'une molécule d'eau dans une cascade. On peut définir l'ensemble du mouvement des molécules d'eau dans la cascade, mais il est impossible de préciser le mouvement d'une molécule prise individuellement.

Le vrai chaos est strictement indéterministe, aléatoire, et ne pourra jamais être prédictible. Du point de vue du déterminisme absolu, le vrai chaos n'existe pas, à part, semble-t-il, dans le domaine de la mécanique quantique, en vertu du principe d'incertitude d'Heisenberg.

Le *faux chaos* ou *chaos déterministe* est un chaos apparent bien que fondé sur des règles déterministes. On ne peut rien prévoir en raison d'un enchaînement causal ayant un grand nombre de conséquences[263]. C'est un phénomène dont la (trop) grande quantité de variables empêche la « prédictibilité ». C'est le cas des prévisions météorologiques où l'imprécision augmente rapidement avec le nombre de jours, ou encore du mouvement brownien des molécules dans un liquide induisant des déplacements imprévisibles d'un grain de pollen à sa surface.

---

263 *Dictionnaire culturel des sciences*, ouvrage collectif sous la dir. De Nicolas Witkowski, Éditions du Regard, rééd. 2003.

Henri Poincaré (1854 - 1912), le père de la théorie du chaos, expliquait en 1908 :

> « *Il peut arriver que de petites différences dans les conditions initiales en engendrent de très grandes dans les phénomènes finaux. Une petite erreur sur les premières produirait une erreur énorme sur les dernières. La prédiction devient impossible et nous avons le phénomène fortuit... Une cause très petite, qui nous échappe, détermine un effet considérable que nous ne pouvons pas ne pas voir, et alors nous disons que cet effet est dû au hasard* » [264].

Par exemple, si l'état du système solaire est connu à cet instant, on peut le déterminer à tout instant postérieur selon les lois de la mécanique céleste. Pour le mouvement des planètes, les prévisions sont crédibles à long terme pour plusieurs milliers d'années, mais certaines instabilités très mineures interdisent toute précision dans leurs positions à l'échelle des millions d'années.

Pour les prévisions météorologiques, il n'en est pas de même : elles ne sont guère crédibles au-delà de deux semaines. Bien sûr, on peut espérer améliorer les outils de calcul et la précision des données météorologiques, mais on ne pourra jamais aller au-delà d'une certaine limite de quelques semaines.

Certes, c'est une vision naïve des sciences dites exactes que de croire qu'elles sont capables de tout prévoir. Dans beaucoup de cas, l'accord entre les mathématiques et les phénomènes naturels est établi à partir d'équations déterministes. En économie, les études de ces dernières années n'avaient pas prévu le crash boursier de 2008. De fait, les simulations sur ordinateur de ces phénomènes se sont avérées fausses[265], et on a pu constater qu'il était plus aisé de prévoir la circulation des astéroïdes entre Mars et Jupiter, que de prévoir le devenir de l'économie de la Pologne ou de la Russie, sur vingt ans.

---

[264] "*Maths Physique Express*", édité pour l'Année internationale de la Physique en 2005 par le CEA et le CNRS. Cette affirmation est reprise par Poincaré dans son *Calcul des probabilités* de 1912, ed. Gauthier Villars, Réédition Jacques Gabay, 1987.

[265] David Ruelle, *Le chaos,* Ed. Odile Jacob, 1991.

A partir d'équations déterministes, le météorologue du MIT, Edward N. Lorenz, a découvert en 1963 que l'on peut obtenir un comportement chaotique avec seulement trois variables et a mis en évidence un comportement imprévisible qu'il baptisa « chaos déterministe ».

Théorie des catastrophes

La *théorie des catastrophes*, fondée en mathématiques par René Thom, est une branche de la *théorie des bifurcations* qui étudie certains aspects des *systèmes dynamiques*. Une bifurcation intervient lorsqu'un petit changement d'un paramètre produit un changement majeur dans l'organisation du système. La théorie des catastrophes a pour but de construire le modèle dynamique continu le plus simple pouvant engendrer une morphologie mathématique, donnée empiriquement, ou un ensemble de phénomènes discontinus.

Selon René Thom :

> *« Le modèle des catastrophes offre un moyen d'expliquer la présence ; il justifie dynamiquement leur apparition et leur stabilité. Ainsi se trouve réintroduite la notion de causalité et l'intelligibilité qu'elle apporte : le modèle des catastrophes, en effet, réduit tout processus à un seul, dont la justification intuitive ne pose pas de problèmes : le conflit, père, selon Héraclite de toutes choses. Le modèle permet de comprendre l'autonomie structurale de chaque niveau d'organisation. On peut également concevoir qu'il s'adapte à la description des niveaux inter niveaux : en effet, le défaut de déterminisme d'un niveau peut parfois être levé en considérant un niveau plus fin (Ainsi en génétique, le caractère phénotypique de l'animal entier peut être déterminé par la composition chimique du chromosome) »*[266]

La théorie des catastrophes est en partie issue de la théorie des jeux, ensemble d'outils pour analyser les situations où l'optimum pour un agent (personne physique, entreprise, animal…) dépend des anticipations qu'il forme sur ce qu'un ou plusieurs autres agents vont faire.

---

[266] René Thom, *Méthodes mathématiques de la morphogenèse*, collection 10-18, Union générale éditions, Paris 1974, pages 24 et 25.

Effet papillon et effet dominos

L'effet papillon

Cette métaphore, devenue emblématique du phénomène de *sensibilité aux conditions initiales*, est souvent interprétée, à tort, de façon causale. C'est une dérive de la théorie du Chaos où une erreur très petite ou un phénomène de très faible amplitude peut avoir une influence importante sur la situation résultante.

Lorenz a incorporé en 1963 le fait que des variations infimes entre deux situations initiales pouvaient conduire à des situations finales sans rapport entre elles. Il affirma ainsi qu'il n'était pas envisageable de prévoir correctement les conditions météorologiques à très long terme (par exemple un an), parce qu'une incertitude de 1 sur 106 lors de la saisie des données de la situation initiale pouvait conduire à une prévision totalement erronée[267].

L'origine de cette métaphore provient d'une conférence que Lorenz fit en 1972 à l'*American Association for the Advancement of Science*, intitulée[268] : « *Predictability: Does the Flap of a Butterfly's Wings in Brazil Set off a Tornado in Texas?* », qui se traduit en français par : « *Prédictibilité : le battement des ailes d'un papillon au Brésil peut-il provoquer une tempête au Texas ?* ».

Lorenz se justifie :

« *De crainte que le seul fait de demander, suivant le titre de cet article, si un battement d'ailes de papillon au Brésil peut déclencher une tornade au Texas, fasse douter de mon sérieux, sans même parler d'une réponse affirmative,...* ».

Il ajoute :

« *Si un seul battement d'ailes d'un papillon peut avoir pour effet le déclenchement d'une tornade, alors, il en va ainsi également de tous les battements précédents et subséquents de ses ailes, comme de ceux*

---

[267] Edward N. Lorenz, *Un battement d'aile de papillon au Brésil peut-il déclencher une tornade au Texas ?* Alliage **22** (1993), 42-45. Traduction française du texte de la conférence de 1972, publié (en anglais) dans : *The essence of chaos*, The Jessie and John Danz Lecture Series, University of Washington Press (1993).

[268] Le titre n'est en fait pas de Lorenz, mais d'un autre météorologue, Philip Merilees, organisateur de la conférence. Lorenz l'a découvert trop tard pour pouvoir en changer. Cf. Nicolas Witkowski : *La chasse à l'effet papillon*, Alliage **22** (1995), 46-53.

de millions d'autres papillons, pour ne pas mentionner les activités d'innombrables créatures plus puissantes, en particulier de notre propre espèce.[...] Si le battement d'ailes d'un papillon peut déclencher une tornade, il peut aussi l'empêcher».

Lorenz conclut d'une part que ces incertitudes sont inévitables, et d'autre part que l'homme ne peut pas prendre en compte tous les éléments qui constituent son environnement, surtout lorsqu'il s'agit de variations infimes. L'imprécision des données dans le cas de phénomènes sensibles aux conditions initiales rend les prévisions à long terme impossibles.

Ainsi, l'atmosphère est un système qui est très sensible aux conditions initiales. Il est naturellement impossible de connaître tous les facteurs (perturbations non prévues et précisions des mesures) intervenant dans l'évolution d'un tel système complexe. Des changements infinitésimaux donnent à l'atmosphère son caractère chaotique et imprévisible.

L'*effet papillon* peut même devenir le support de la croyance qu'un simple citoyen, ou même un politicien sans succès, peuvent changer une société très sensible aux conditions initiales, juste par l'action des petites mains (ou « battement d'ailes ») d'anonymes ou de militants, par une pétition, une manifestation, une prise de parole…

L'effet dominos

L'*effet dominos* concerne une succession d'événements dont l'origine est mineure, et dont l'issue est catastrophique. Contrairement à l'effet papillon, la cause initiale peut être macroscopique bien que sans importance. De plus, l'effet dominos repose sur un enchaînement d'événements qu'elle provoque pour aboutir à un résultat majeur.

Le terme est utilisé par analogie à la chute séquentielle d'une file de dominos posés verticalement les uns à côté des autres, et se réfère à une suite d'événements liés entre eux. Cette expression peut être employée de façon littérale (une série de collisions observées) ou de façon métaphorique (des systèmes complexes). C'est le cas par exemple en finance internationale où peut se matérialiser en situation extrême un risque systémique.

Par exemple l'accident du Concorde à Roissy le 25 juillet 2000 est l'enchaînement de plusieurs causes imprévisibles[269]:

1/ un avion perd une lamelle métallique de quelques décimètres de son gouvernail sur la piste et ne s'aperçoit pas de cette avarie.

2/ Le Concorde emprunte la même piste que l'avion précédent quelques minutes après.

3/ Un pneu du Concorde passe sur la lamelle métallique, il est largement entaillé et éclate.

4/ La pièce métallique de l'avion précédent est projetée à une dizaine de centimètres du réservoir d'essence du Concorde.

5/ Un morceau de pneumatique d'environ 4,5 kg est projeté sur l'aile à la vitesse de l'avion, environ 330 km/h à ce moment précis.

6/ Le morceau de pneu, relativement plat ne perce pas les réservoirs mais son violent contact sur les réservoirs pleins produit une onde de choc, appelée coup de bélier hydrodynamique, qui fait éclater de l'intérieur une partie du réservoir de carburant. Une importante quantité de carburant se met à fuir, environ 60 kg/s (soit près de 75 litres par seconde).

7/ Par ailleurs, un autre morceau de pneumatique endommage le circuit électrique dans le puits de train principal gauche.

8/ Le carburant s'échappant du réservoir s'enflamme, soit par contact avec les flammes de la réchauffe (post-combustion) dans une zone d'écoulement tourbillonnaire, soit à la suite d'une étincelle émanant du circuit électrique endommagé dans le puits de train.

9/ Le Concorde décolle cependant, mais les moteurs perdent rapidement de la puissance suite à un phénomène de pompage (décrochage aérodynamique des pales du compresseur dû à l'ingestion de gaz chauds).

10/ Avec une poussée très réduite et dissymétrique, sans possibilité de mise en descente pour compenser le manque de vitesse, le Concorde vire brièvement sur l'aile gauche puis s'écrase au sol, une minute et vingt-huit secondes après son décollage.

Comme on le voit, cette succession d'événements peu prévisibles a causé le crash du Concorde.

---

[269] Rapport final établi par le Bureau Enquêtes Accidents (aujourd'hui Analyses).

Glossaire

Les abréviations DR correspondent aux définitions données dans le *Dictionnaire Rationaliste* publié par les *Nouvelles Éditions Rationalistes* en 1975.

ABC *:* les trois premières lettres de l'alphabet latin sont synonymes d'alphabet, mais l'abc désigne souvent les premiers principes d'une science ou d'une doctrine. Dans ce sens il est instrument de la raison, car il est impossible d'avancer dans la connaissance en ignorant les débuts. Chacun de nous ne pouvant connaître l'ensemble des sciences, doit acquérir au moins les premiers principes dans les domaines essentiels. DR

Abduction **:** raisonnement par lequel on restreint dès le départ le nombre d'hypothèses

Absolu *:* le mot est pris dans de multiples acceptions. DR

1/ ce qui existe sans limitation, ni réserve : pouvoir absolu.

2/ ce qui existe indépendamment de tout repère et de tout paramètre arbitraire, ex le zéro absolu.

3/ ce qui existe indépendamment de toute relation avec autre chose, par opposition à relatif.

4/ ce qui est parfait et achevé dans sa plénitude pour les théologiens.

Abstraction **:** effet d'une opération de l'esprit, par laquelle on considère isolément un caractère ou groupe de caractère de la réalité. DR.

Affect : en psychologie, c'est le premier élément de la sensation, c'est à Spinoza que l'on doit une première classification des affects. Spinoza reconnaît l'importance du sentiment dans la vie psychologique, et les psychologues voient dans les affects, l'ensemble des liaisons innées ou acquises qui unissent l'être vivant à son milieu.

Antiscience : opposition ou scepticisme face aux théories scientifiques.

Aristotélisme *:* courant philosophique et métaphysique né avec Aristote (384-322 av. J.-C.), disciple de Platon (429-347 av. J.-C.) Aristote fut appelé « le Philosophe », ses théories scientifiques et philosophiques sont celles de son époque il y a 2400 ans, dès le XVIe siècle l'esprit scientifique s'est développé contre l'aristotélisme. De nos jours sa doctrine de la matière et de la forme conduit à des impasses insurmontables. DR.

Assertion : affirmation d'une propriété introduisant une démonstration de sa vérité ou de sa fausseté.

Axiomes : propositions primitives dans une théorie, admises et dont découlent logiquement les résultats considérés comme vrais dans la théorie.

Cartésien : adjectif, synonyme de méthodique

Certitude : adhésion de l'esprit, dépourvue de toute nuance de doute à un fait reconnu comme véritable ou à une idée reconnue comme fondée. Pour le Littré, conviction qu'a l'esprit que les objets sont tels qu'il les conçoit. Une certitude peut n'être que partielle.

Chaos : la théorie du chaos s'oppose à une vision naïve des sciences dites exactes, qui peut laisser croire qu'elles sont capables de tout expliquer.

Cogito : abréviation qui désigne la formule latine de Descartes dont l'énoncé complet est « cogito, ergo sum », « je pense, donc je suis ».

Cognitif : en rapport avec un champ de connaissances ou la cognition.

Cognition : ensemble de ce qu'on sait sur un sujet.

Coïncidence : Relation de simultanéité entre des faits, des évènements ou des phénomènes. On distingue la coïncidence spatiale (même lieu) et la coïncidence temporelle (même temps).

Concept : abstraction d'objets ou de relations entre objets de la réalité. Un concept est défini par un ensemble de termes ou de signes qui le désignent univoquement, un ensemble d'objets représentatifs et une propriété caractérisant les objets ou relations relevant de ce concept.

Contingence : effet qui peut se produire ou pas, et qui est dû souvent au hasard.

Conviction : certitude raisonnée.

Crédulité : dans son sens général, la crédulité est la tendance à croire sans réflexion, ni critique.

Criticisme : synonyme de kantisme, système philosophique fondé sur la critique de la connaissance et dont le fondateur fut Kant.

Déduction : raisonnement qui va du général au particulier. Liaison nécessaire entre deux propositions.

Démarche scientifique : La démarche scientifique est une démarche de pensée où il y a une confrontation entre théorie et expérience. La démarche scientifique est à la source de nouvelles connaissances et à même de les valider.

Démonstration **:** en mathématiques, texte ou ensemble de signes explicitant un raisonnement logique par lequel on établit qu'une proposition est nécessairement vraie au sein d'une théorie. À distinguer « démonstration » et « preuve ».

Déterminisme : principe philosophique selon lequel toute réalité est une nécessité déterminée entièrement par les conditions qui l'ont engendrée, fixées absolument de telle façon que ces conditions étant posées, cette réalité ne peut pas ne pas se produire. Selon Laplace, « *Nous devons envisager l'état présent de l'univers comme l'effet de son état antérieur et comme la cause de l'état qui va suivre* ».

Dialectique : art du dialogue polémique voué à la recherche de la vérité. La dialectique est l'étude des contradictions dans l'essence même des choses. Elle se représente les choses dans un état de mouvement et de changement perpétuels. DR .

Doute : on distingue le doute cartésien et le doute sceptique de Pyrrhon ou doute selon la zététique : recherche permanente d'une justification pour valider une situation, un comportement, un phénomène.

Dualisme : Le dualisme se réfère à une vision de la relation matière-esprit fondée sur l'affirmation que les phénomènes mentaux possèdent des caractéristiques qui sortent du champ de la physique.

Empirisme : démarche consistant à justifier par de nombreuses expériences un résultat que l'on ne cherche pas à valider directement.

Épistémologie ou gnoséologie : théorie générale de la connaissance, de ses sources, de ses moyens, de ses formes et de ses résultats, étude critique des rapports entre connaissances, de leur genèse et de leur évolution. L'épistémologie se distingue de la gnoséologie en ce qu'elle étudie la connaissance scientifique dans le détail et a posteriori.

Esprit critique : L'esprit critique consiste à s'interroger sur la valeur d'une assertion avant de l'accepter, à en peser les arguments, à en examiner l'origine, en recherchant ce qu'elle doit à la passion, la partialité, l'insert à discriminer les éléments objectifs de son contenu en pourchassant l'erreur d'observation, la faute de logique, la confusion entre métaphore et explication entre faits établis, généralisation théorique et simple hypothèse. DR..

Éthique **:** « *actuellement le mot éthique est plus général que le mot moral. L'éthique englobe l'ensemble des problèmes du comportement conduisant au bien de la société et de l'humanité en général. L'éthique se diversifie dans différents domaines. Par exemple, la bioéthique concerne l'examen des problèmes posés par les développements de la biologie et leurs applications en médecine* » (selon J. Bernard et J. Dausset dans leur ouvrage *La mosaïque humaine*).

Finalité : adaptation des moyens à une fin, la notion de finalité est donc de nature essentiellement anthropomorphique.

Foi *:* adhésion à une croyance, dont on admet la vérité par conviction intime. La foi est souvent une adhésion irrationnelle et crédule définitive.

Hasard *:* événement se produisant inopinément sans cause apparente. Le hasard est souvent opposé au déterminisme. Jacques Monod traite du hasard et de la nécessité en biologie. Poincaré a introduit la notion de hasard déterministe : « *Il peut arriver que de petites différences dans les conditions initiales en engendrent de très grandes dans les phénomènes finaux. Une petite erreur sur les premières produirait une erreur énorme sur les dernières. La prédiction devient impossible et nous avons le phénomène fortuit... Une cause très petite, qui nous échappe, détermine un effet considérable que nous ne pouvons pas ne pas voir, et alors nous disons que cet effet est dû au hasard* »

Hellénisme : ensemble de doctrines philosophiques des anciens grecs. Dans l'hellénisme, il y a la passion du beau, de la littérature, de la Science, des arts et une recherche pour comprendre le monde extérieur.

Hermétisme : ensemble des doctrines ésotériques venant des alchimistes dont Hermès Trismégiste. Dans le sens courant, l'hermétisme désigne l'enfermement dans une doctrine excluant toute autre compréhension.

Implication **:** relation logique entre deux propositions, qui fait qu'une proposition antécédente ne peut être vraie sans que l'autre, conséquente, le soit également.

Induction **:** déduction obtenue par généralisation d'observation. L'induction est une opération mentale consistant à généraliser. Le raisonnement par récurrence est une induction

Inférence : opération intellectuelle par laquelle on passe d'une vérité à une autre mais non admise directement, en vertu de sa liaison avec d'autres propositions ; un syllogisme est une inférence.

Intuition : pour certains psychiatres, c'est une prémonition proche de la voyance, et comme une petite lanterne qui guide notre chemin. Elle correspond à un sentiment d'évidence qui s'impose au sujet pensant, indépendant de toute analyse et de toute démonstration « *c'est par la logique qu'on démontre, c'est par l'intuition qu'on invente* » (Poincaré). Pour Bergson « *l'intuition, c'est une faculté plus puissante que l'intelligence qui permettrait seule à comprendre spontanément la nature des mouvements et celle de la vie, là où la raison analytique ne subit qu'une succession d'immobilités* ». DR .

Logique : la logique est comme l'art de bien conduire sa pensée ou encore comme les règles de la pensée valide. Aristote considérait les règles de la logique comme les lois les plus fondamentales de l'être. *DR*

Logique dialectique : la logique dialectique est par définition une logique qui transgresse le principe de non-contradiction. Celle-ci admet que la pensée rationnelle passe par deux stades de développement, l'analyse et la synthèse. Les logiques dialectiques sont donc propres à la pensée synthétique. *DR* .

Logique formelle ou mathématique : théorie abstraite donnant les règles de formation des propositions valides et de leurs combinaisons formées à partir des connecteurs « non » et « ou », reposant sur les principes de non contradiction et du tiers exclut.

Modus ponens : en latin "*ponere*" signifie poser. Premier trope nommé par les scolastiques. affirmer par ce qu'il porte sur des propositions affirmatives.

Modus tollens : en latin "*tollens*" signifie nier. Deuxième trope nommé par les scolastiques parce qu'il porte sur des propositions négatives.

Métaphysique : recherche suivant les doctrines aristotéliciennes, et ayant pour objet la connaissance de « l'être absolu ou suprême », des causes de l'univers et des principes premiers de la connaissance

Métapsychisme : Selon Charles Richet « certains phénomènes exceptionnels auxquels des lois jusqu'ici connues de la physique et de la chimie ne s'expliquent plus ».Le métapsychisme échappe au déterminisme général, « *il semble dû à une intelligence inconnue, découler d'intellectualités, de volontés, d'intuitions* ». DR.

Métonymie : procédé de langage par lequel on exprime un concept au moyen d'un terme désignant un autre concept qui lui est uni par une relation nécessaire. Exemple : boire un verre…

Monisme : système de pensée qui maintient l'unité de l'objet auquel la pensée s'applique par opposition au dualisme. Doctrine selon laquelle le monde n'est constitué que d'une seule substance qu'on nomme matière comme les matérialistes ou esprit comme les spiritualistes. *DR* .

Numérologie : méthode divinatoire par les nombres. Pseudoscience dont les fondements ésotériques sont dus aux disciples de Pythagore (vers 600 av. J.-C.). .

Nominalisme : Doctrine selon laquelle les concepts n'existent pas réellement, ils n'ont d'existence que dans les mots servant à les exprimer, par opposition à la conception réaliste ou platonicienne.

Ontologie : L'ontologie est une branche de la philosophie concernant l'étude de l'être, de ses modalités et de ses propriétés.

Oxymore **:** figure de style en rhétorique qui réunit deux mots en apparence contradictoires. Ex : un silence éloquent, le clair obscur.

Paradigme : ce terme désigne l'idée centrale d'une vision scientifique sur telle ou telle question essentielle. Ex : le paradigme « la Terre tourne autour du soleil » a remplacé le paradigme « le soleil tourne autour de la Terre », dès le XVIIIe siècle avec Newton. Le mot paradigme vient du grec *paradeigma* qui signifie modèle ou exemple. (p. 40, 46).

Paralogisme : (grec *paralogismos*, de *paralogidzesthai*, faire un faux raisonnement) raisonnement ou argument qui ne conclut pas d'une façon correcte ou valable, mais contrairement au sophisme qui suppose la bonne foi..

Pataphysique : pseudo-philosophie basée sur la dérision et l'absurde. La pataphysique a été crée par Alfred Jarry dans *Ubu roi*, elle cherche à proposer des solutions imaginaires pour résoudre des situations rocambolesques ou « ubuesques ».

Positivisme : doctrine philosophique due à Auguste Comte et basée sur une confiance limitée dans la science. Le principe est de codifier ce qui est issue de l'expérience et de l'observation et ainsi d'élaguer au maximum ce qui dépend de la métaphysique.

Pseudo : préfixe provenant du grec *pseudes* et signifiant faux ou menteur. Par exemple, un pseudonyme est mis pour une appellation masquant un véritable nom.

Pseudo-sciences** ou **para-sciences : Doctrines dont le principe est basé sur des conceptions anciennes comme l'alchimie ou l'astrologie ou des théories douteuses comme l'homéopathie ou la radiesthésie.

Prédicat **:** en logique grammaticale, un prédicat est un second terme précisant une qualité attribuée à un objet. En logique formelle ou logique mathématique, un prédicat est une proposition attribuant une propriété à des objets d'un domaine considéré, définie par une quantification à une ou plusieurs variables.

Prémisse : une prémisse est une proposition, une affirmation avancée en support à une conclusion. Dans un syllogisme, c'est une proposition mineure par rapport à une proposition majeure. .

Présomption : jugement fondé, non sur des preuves mais sur des indices, des apparences et de l'intuition.

Pressentiment : Prévision vague et intuitive de ce qui pourrait se produire.

Preuve **:**

1/ argument apportant la certitude ou tout au moins entraînant la conviction. La notion de preuve appartient au domaine de l'absolu et de l'irréfutable.

2/ dans le langage de la science expérimentale, ce mot est parfois employé, précisément pour désigner la relation par laquelle une assertion, une hypothèse se trouve confirmée par un fait, observation d'un phénomène.

Prévision : anticipation sur l'avenir. Elle est considérée comme surnaturelle et synonyme de prédiction lorsqu'elle fait appel à des arts divinatoires. La prévision scientifique est basée sur des inférences théoriques à partir de données observées.

Proposition : affirmation hypothétique soumise au déroulement d'un raisonnement logique visant à établir sa véracité ou sa fausseté. De ce fait une proposition est soumise à l'alternative du vrai et faux (valeur de vérité) au sein d'une théorie relevant du principe du tiers exclut. Dans certaines théories (théorie des ensembles) il existe des propositions « indécidables », c'est-à-dire qu'il ne peut exister aucune démonstration établissant leur valeur de vérité. En logique formelle, une proposition est un assemblage de signes formellement bien construit, pouvant recevoir une valeur de vérité, « vrai » ou « faux ».

Pyrrhonisme : synonyme de zététique, habitude de douter de tout et de paraître douter de tout.

Raison : C'est la faculté spécifique que possède l'homme de former des concepts, de connaître, de comprendre, de déduire, de démontrer, de juger et par suite de se conduire. Capacité mentale d'adaptation, d'organisation, d'expérimentation, et de critique. DR.

Raisonnement : processus cognitif qui permet d'obtenir de nouveaux résultats ou bien de vérifier la véracité d'un fait.

Rationalisme : *reconnaissance du rôle fondamental de la raison dans l'aventure humaine. Le rationalisme ne doit pas être confondu avec le scientisme d'il y a un siècle qui croyait naïvement que tous les problèmes humains, théoriques, pratiques et sociaux pourraient être résolus par la seul progrès de la science. DR.* .

Rationaliste : adepte du rationalisme.

Rationalité : Ce qui n'accorde de valeur qu'à la raison.

Rationnel : méthode de pensée fondée sur la raison, émanent uniquement d'un entrainement logique à l'écart de toute considération de sentiment d'intérêt, d'opportunité, etc.

Récurrence : désigne la répétition systématique d'un phénomène ou d'un raisonnement. Le raisonnement par récurrence est fondé sur l'induction basée sur l'ordre des entiers naturels : si une propriété dépendante d'un entier n est vraie pour $n = 1$, et si l'hypothèse qu'elle est vraie pour un entier n entraîne qu'elle est vraie pour l'entier $n + 1$, alors elle est vraie pour tout entier.

Réfutabilité : en anglais « *falsify* ». La réfutabilité d'une théorie est une caractéristique essentielle et nécessaire pour lui attribuer une crédibilité scientifique selon K. Popper. C'est le caractère d'une doctrine ou d'un argument tel qu'on puisse imaginer une expérience pouvant le mettre en défaut

Relativisme : Le relativisme cognitif considère tous les discours sur le monde comme des fictions équivalentes : sciences, traditions religieuses et pseudosciences sont ainsi considérées comme également vraies. (p. 11, 103).

Scepticisme : les racines du scepticisme remontent loin dans la tradition philosophique. Le mot vient du grec « skepticos » : qui considère ou qui examine.).

Sceptique : celui qui doute, praticien du scepticisme.

Science : système coordonné de façon rationnelle des connaissances acquises dans la recherche des lois objectives de la nature et des phénomènes naturels. A partir de la civilisation grecque, la science s'est constituée en tant que partie de la philosophie. A l'origine de la science, c'est l'observation des faits de la nature, le désir de les exploiter à nos fins et la nécessité où nous sommes trouvés devant cette accumulation, de les classer, de les relier les uns aux autres pour les assimiler plus aisément. DR.

Sciences cognitives : Les sciences cognitives étudient la nature des processus mentaux, en essayant de comprendre le fonctionnement du cerveau, et plus particulièrement les fonctions de la perception, d'attention, de conscience et de mémorisation.

Scientisme : désigne le plus souvent la prétention qu'aurait la science d'être presque achevée, d'être capable d'expliquer tout ou presque tous les phénomènes naturels.

Scientiste : adepte du scientisme.

Scolastique : la scolastique (du latin schola, « école », qui signifie « loisir, étude ») est la philosophie développée et enseignée au Moyen Âge dans les universités : elle vise à concilier l'apport de la philosophie Aristotélicienne avec la théologie chrétienne héritée des Pères de l'Église.

Statistique : théorie de l'organisation des données (ou statistiques) recueillies selon des protocoles valides et de leurs exploitations pour développer des connaissances sur des populations humaines ou d'objets, afin de prendre à leur égard des décisions rationnelles. Le calcul des probabilités est un outil privilégié de la statistique quand les données recueilles sont issues d'échantillons aléatoires prélevés dans la population étudiée. (Voir le chapitre sur *la pensée probabiliste et statistique*.

Téléologie : doctrine selon laquelle les choses sont déterminées par leur aboutissement et non par leur origine, ces considérations sont d'ordre métaphysique et contraire au déterminisme où tout phénomène échappant à l'expérience est entièrement déterminé par les conditions dans lesquelles il se produit (Littré).

Trope : pour les sceptiques, argument pour atteindre la vérité. Les tropes reposent sur la métaphore et l'emploi d'un mot ou d'une expression dans un sens figuré, ex : voile pour bateau ou pieds dans l'expression « essuyer vos pieds » au lieu de « souliers ».

Tautologie : enchaînement de propositions au terme duquel une idée est présentée comme nouvelle, alors quelle était déjà présente à l'origine. En logique formelle, proposition vraie quelles que soient les valeurs de vérité des propositions constituantes.

Zététicien : néologisme pour le nom zététique pris dans le sens d'adepte et praticien des méthodes zététiques.

Zététique : nom et adjectif, du grec *zététin* : chercher. Selon le Littré : « *correspond à la méthode dont on se sert pour pénétrer la raison des choses* ».

Références bibliographiques

Bachelard, Gaston. *La formation de l'esprit scientifique*, Vrin 1971.

Bachelard, Gaston. *L'épistémologie*, texte choisis, réédition PUF, 1992.

Bachelard, Gaston. *Le nouvel esprit scientifique*, PUF 1978.

Bachelard, Gaston. *L'engagement rationaliste* ; œuvre posthume, 1972.

Bellhouse, D. R. De Vetula, a medieval manuscript containing probability calculations, International Statistical Review, vol. 68, n° 2, août 2000.

Bernard, Claude. *Introduction à l'étude de la médecine expérimentale*, réédition Flammarion, 2013.

Bernoulli, Jakob. *Ars Conjectandi*, 4e partie. Traduit du latin par Norbert Meusnier, *Jacques Bernoulli et l'Ars Conjectandi*, IREM de Rouen, 1987.

Bourbaki, Nicolas. Éléments d'histoire des mathématiques, Hermann, 1960.

Bricmont, Jean & Debray, Régis. *À l'ombre des lumières*, éditions Odile Jacob, 2004.

Broch, Henri. *Au cœur de l'extraordinaire*, le Seuil, 1998.

Cardano, Gerolamo. *Opera Omnia*, vol. 1, Lyon, 1663. Traduction par Jean-Yves Boriaud, *La pensée scientifique de Cardan*, ed. Les Belles Lettres, Paris, 2012.

CEA et CNRS. *Maths Physique Express*, édité pour l'Année internationale de la Physique en 2005.

Commission Inter-IREM Statistique et Probabilités. *Probabilités au lycée*, Brigitte Chaput et Michel Henry, éds, brochure 143, APMEP, Paris, 2003.

Commission Inter-IREM Statistique et Probabilités. *Statistique au lycée*, vol. 1, Brigitte Chaput et Michel Henry, éds, brochure 156, APMEP, Paris, 2005.

Commission Inter-IREM Statistique et Probabilités. *Statistique au lycée*, vol. 2, Brigitte Chaput et Michel Henry, éds, brochure 163, APMEP, Paris, 2007.

Condorcet Jean Nicolas de Caritat, Marquis de. *Elémens du calcul des probabilités et son application aux jeux de hasard, à la loterie et aux jugemens des hommes*. Avec un discours sur les avantages des mathématiques sociales, A Paris, chez Royez, libraire, An XIII.

Cournot, Antoine-Augustin. *Exposition de la théorie des chances et des probabilités*, Paris, Hachette, 1984.

D'Alembert, Jean, Le Rond. *Article Probabilité, Encyclopédie Méthodique*, Mathématiques. Encyclopédie de Diderot et D'Alembert eds.

Debru, Claude, Kahane, Jean-Pierre, Sanchez-Palencia, Évariste et coll. *La rationalité scientifique aujourd'hui*, Académie des sciences, EDP Sciences, 2016.

Dedron, Pierre & Itard, Jean. *Mathématiques et mathématiciens,* Magnard, 1959.

De Moivre, Abraham. *The Doctrine of Chances* (3e éd., 1756). New York, Chelsea, 2000.

Descartes, René. *Discours de la méthode*, commentaires de Denis Huisman, éd. Fernand Nathan, 2005.

Descartes, René. *Discours de la méthode*. Grimaldi, et Marion, J.-L. (éds.), *Le Discours et sa méthode*, Paris, P.U.F. 1987.

Diderot, Denis. *Jacques le fataliste,* Le livre de poche, 1991.

Djebbar, Ahmed. *Une histoire de la science arabe*, Le Seuil, 2001.

Fermat, Pierre de. *Précis des œuvres mathématiques*, original publié en 1853, Jacques Gabay, Paris, 1989.

Fermat, Pierre de. *Lettre de Fermat à Pascal du 29 août 1654*, in Blaise Pascal, œuvres complètes, tome II, deuxième partie : œuvres diverses, volume I, (1623-1654), correspondance avec Fermat, pp. 1155-1158.

Galilei, Galileo (Galilée). *Considerazione sopra il giuco dei dadi, Considérations sur le jeu de dés*, dans *Le Opere de Galileo Galilei*, Firenze, 1855, vol. XIV.

Galilei, Galileo (Galilée). *Le grand livre de la nature,* chapitre dans *L'Essayeur de Galilée,* traduction de Christiane Chauviré, Les Belles Lettres, coll. Annales littéraires de l'Université de Besançon, 1971.

Gleick, James. *La théorie du chaos*, éditions Albin Michel, Paris, 1989.

Godement, Roger. *Cours d'algèbre*, Hermann 1963.

Hacking, Ian. *L'émergence de la probabilité*, 1ère éd. : *The emergence of probability*, Cambridge University Press, 1975, Le Seuil, Paris, 2002.

Haïssinski, Jacques, Langevin-Joliot, Hélène et coll. *Science et culture, repères pour une culture scientifique commune,* groupe Culture scientifique de l'Union rationaliste, Éditions Apogée, 2015.

Harthong, Jacques. *Probabilités et statistiques, de l'intuition aux applications*, Diderot éditeur, 1996.

Henry, Michel & Lombardi, Henri. *Paradoxes et lois de probabilités,* Repères-IREM n°13, octobre 1993.

Henry, Michel. *Autour de la modélisation en probabilités*, Commission Inter-IREM Statistique et Probabilités, ed. Presses Universitaires de Franche-Comté, Besançon (diff. CiD).Michel

Huygens, Christiaan. *De ratiociniis in Ludo aleae*, *Du calcul dans les jeux de hasard*, La Haye, 1657, œuvres complètes 22, tome 14, 1888-1950.

Ifrah, Georges. *Histoire universelle des chiffres*, Bouquins, Robert Laffon, 1994.

Klein, Etienne. *L'efficacité des mathématiques est-elle si « deraisonnable » ?* Forum de la théorie, Paris, 6 décembre 2005.

Kolmogorov, Andrei. *Foundations of probability's calculation*, Chelsea Publishing Company, New York, 1950. Ouvrage original : Grundbegriffe der wahrscheinlichkeitsrechnung, publié en 1933.

Kolmogorov, Andreï & Gnedenko, Boris. *Limit distributions for sums of independent random variables,* ed. Addison Wesley, 1954.

Koyré Alexandre. *Du monde clos à l'infini*, traduction française Gallimard 1991.

Koyré Alexandre. *Étude de la pensée scientifique,* Galimard 1973.

Krivine, Jean-Louis. *Théorie axiomatique des ensembles*, Presses Universitaires de France, Paris, 1972.

Laplace, Pierre-Simon. *Essai philosophique sur les probabilités,* 5ème édition, 1825, ed. C. Bourgois, avec une préface de René Thom, Paris, 1986.

Laplace, Pierre-Simon. *Théorie analytique des probabilités* (1re édition 1812, 3e édition 1820, O. C. tome 7). Réed. Jacques Gabay, Paris 1995.

Lloyd, Geoffrey E.R. *Les débuts de la science grecque, de Thalès à Aristote*, ed. La découverte, 1990.

Lorenz, Edward N. *Un battement d'aile de papillon au Brésil peut-il déclencher une tornade au Texas ?* Alliage **22** (1993). Traduction française du texte de la conférence de 1972, publié (en anglais) dans : *The essence of chaos*, The Jessie and John Danz Lecture Series, University of Washington Press (1993).

Luminet, Jean-Pierre. *Ulugh Beg, l'astronome de Samarkand*, Jean-Claude Lattes, 2015.

Martzloff, Jean-Claude. *La Chine, Le matin des mathématiciens*, Belin, 1985.

Monod, Jacques. *Le hasard et la nécessité,* Odile Jacob, 1989.

Noël, Émile. *Le hasard aujourd'hui*, ouvrage coordonné par, éditions du Seuil, Points Sciences n°69, 1991.

Pascal, Blaise. *Correspondance avec Fermat de 1654*, œuvres complètes (1963a, pp. 43-49). París, le Seuil.

Pascal, Blaise (1654). *Adresse à l'illustre académie parisienne de mathématiques*, œuvres complètes, Jean Mesnard, ed. Desclée de Brouwer, Bibliothèque Européenne, édition du tricentenaire, volume I, (1623-1654), pp. 1021-1035.

Pascal, Blaise. *Pensées*, Œuvres complètes, La Pléiade, 1960.

Peirce, Charles Sanders. *Le raisonnement et la logique des choses,* traduction française, éditions du Cerf, 1985.

Piaget, Jean et collaborateurs, sous la direction de Jean Piaget. *Logique et connaissance scientifique*, encyclopédie de la Pléiade, 2010.

Pichard, Jean-François. Les probabilités au tournant du 18ème siècle, *Autour de la modélisation en probabilités*, Michel Henry ed. PUFC, 2001.

Poincaré, Henri (1912). *Calcul des probabilités*, Gauthier Villars, réédition Jacques Gabay, 1987.

Popper, Karl-Raimund. *Logique de la découverte scientifique*, traduction de l'anglais, Flammarion, 1973.

Popper, Karl-Raimund. *La connaissance objective*, PUF, 1972 .

Popper Karl-Raimund. *Conjecture et réfutation* (la connaissance du savoir scientifique) publié en anglais en 1952, traduction et réédition Payot, 1985.

Quine, Willard Van Orman. *Méthodes de logique*, Armand Colin, 1973.

Ruelle, David. *Hasard et Chaos*, éditions Odile Jacob, Paris, 1991.

Ruhla, Charles. *La Physique du Hasard - de Blaise Pascal à Niels Bohr*, coll. Liaisons Scientifiques, Hachette, 1989.

Russel, Bertrand. *Essai sur les fondements de la géométrie,* traduction de louis Couturat, Gauthier Villars, 1901, collection Harvard Univ.

Sanchez-Palencia, Évariste. *Promenade dialectique dans les sciences*, Hermann éditions, 2012.

Simaan, Arkan. *La science au péril de sa vie,* Adapt-Vuibert, 2001.

Stendhal. *Vie d'Henry Brulard,* Gallimard 1973.

Thom, René. *Méthodes mathématiques de la morphogenèse*, collection 10-18, Union générale éditions, Paris, 1974.

Thom, René. *Prédire n'est pas expliquer*, avec Émile Noël, Flammarion, Paris, 1993.

Thom, René. *Préface à l'Essai philosophique sur les probabilités* de P.-S. Laplace, ed. Christian Bourgois, 1986.

Viète, François (1630). *Vauzelard, les cinq livres des zététiques,* Larousse du XIXe siècle.

Volf, Élie, Lisan, Benjamin & Thivel, Antoine. *Faut-il croire à tout ?* Édilivre, 2008.

Wigner, E. P. *The Unreasonable Effectiveness of Mathematics in the Natural Sciences*, in Communications on Pure and Applied Mathematics. XIII, 1960.

Witkowski, Nicolas. *La chasse à l'effet papillon*, Alliage **22**, 1995.

Witkowski, Nicolas. *Dictionnaire culturel des sciences*, ouvrage collectif, Éditions du Regard, rééd. 2003.

Structures éditoriales du groupe L'Harmattan

L'Harmattan Italie
Via degli Artisti, 15
10124 Torino
harmattan.italia@gmail.com

L'Harmattan Hongrie
Kossuth l. u. 14-16.
1053 Budapest
harmattan@harmattan.hu

L'Harmattan Sénégal
10 VDN en face Mermoz
BP 45034 Dakar-Fann
senharmattan@gmail.com

L'Harmattan Cameroun
TSINGA/FECAFOOT
BP 11486 Yaoundé
inkoukam@gmail.com

L'Harmattan Burkina Faso
Achille Somé – tengnule@hotmail.fr

L'Harmattan Guinée
Almamya, rue KA 028 OKB Agency
BP 3470 Conakry
harmattanguinee@yahoo.fr

L'Harmattan RDC
185, avenue Nyangwe
Commune de Lingwala – Kinshasa
matangilamusadila@yahoo.fr

L'Harmattan Congo
67, boulevard Denis-Sassou-N'Guesso
BP 2874 Brazzaville
harmattan.congo@yahoo.fr

L'Harmattan Mali
Sirakoro-Meguetana V31
Bamako
syllaka@yahoo.fr

L'Harmattan Togo
Djidjole – Lomé
Maison Amela
face EPP BATOME
ddamela@aol.com

L'Harmattan Côte d'Ivoire
Résidence Karl – Cité des Arts
Abidjan-Cocody
03 BP 1588 Abidjan
espace_harmattan.ci@hotmail.fr

L'Harmattan Algérie
22, rue Moulay-Mohamed
31000 Oran
info2@harmattan-algerie.com

L'Harmattan Maroc
5, rue Ferrane-Kouicha, Talaâ-Elkbira
Chrableyine, Fès-Médine
30000 Fès
harmattan.maroc@gmail.com

Nos librairies en France

Librairie internationale
16, rue des Écoles – 75005 Paris
librairie.internationale@harmattan.fr
01 40 46 79 11
www.librairieharmattan.com

Lib. sciences humaines & histoire
21, rue des Écoles – 75005 Paris
librairie.sh@harmattan.fr
01 46 34 13 71
www.librairieharmattansh.com

Librairie l'Espace Harmattan
21 bis, rue des Écoles – 75005 Paris
librairie.espace@harmattan.fr
01 43 29 49 42

Lib. Méditerranée & Moyen-Orient
7, rue des Carmes – 75005 Paris
librairie.mediterranee@harmattan.fr
01 43 29 71 15

Librairie Le Lucernaire
53, rue Notre-Dame-des-Champs – 75006 Paris
librairie@lucernaire.fr
01 42 22 67 13

www.ingramcontent.com/pod-product-compliance
Lightning Source LLC
LaVergne TN
LVHW011015061026
849535LV00006B/1892